シリーズ
ニッポン再発見
10

日本のダム美

近代化を支えた石積み堰堤

川崎秀明［著］

Series
NIPPON Re-discovery
Masonry Dam in Japan

ミネルヴァ書房

巻頭カラー特集

世紀を越えて生きる 石積みのダム

コンクリート形式の本格的なダムが日本に初めて建設されたのは、1900（明治33）年の神戸。

先人たちが海外の技術などを取り入れながら、

「安全な飲み水確保」のために、石積みのダム（堰堤）をつくりあげた。

明治〜昭和初期に多く造られた石積み堰堤は、日本の近代化の歴史を示す貴重な土木遺産。

次のページから、今に残るその姿を竣工年の古い順から見ていきたい。

豊稔池ダム（香川県観音寺市／1930年竣工／目録44）：約500haの農地の水がめとして造られた。地元農家の人たちによって工事がおこなわれ、約４年の歳月と延べ15万人の労力を投入し、無事故で竣工したといわれている。ヨーロッパの古城を思わせる風格をもつ（→P282）。

写真：安河内孝

1900年

布引ダム（兵庫県神戸市／目録１）：日本最初のコンクリート形式の石積み堰堤として、圧倒的巨大さで出現した。1995年の阪神・淡路大震災にも耐え、現在も神戸市の水源として使用されている（→P244）。

写真：安河内孝

1903年

本河内低部ダム（長崎県長崎市／目録３）：2012年に完了した再開発時に、それまでの堤高22.7mが実際は27.8mであることが判明。中央の取水塔入口の銘板「水旱無増減（大水や旱魃でも増減しない）」は当時の喜びが伝わる名熟語である。（→P295）〔K〕

1905年

立ヶ畑ダム（兵庫県神戸市／目録５）：各所に装飾がなされた洒落た造り。1914年に2.7m堤体を高くし、石積みの美を完成した（→P247）。

写真：安河内孝

1916年

本庄ダム（広島県呉市／目録12）：壮麗な海軍ダム。呉海軍工廠への送水のために造られた。国威発揚の意味合いも強かったとされる。当時、その規模は東洋一といわれた（→P275）。〔K〕

1918年

千本ダム（島根県松江市／目録14）：山陰地方初の水道専用堰として1918年に竣工。水理的に考慮された鋭角な越流頂（写真右）をもつ。洪水を安全に流れ下すために、洪水時に越流させるための設計は非常に重要だ（→P260）。〔K〕

1918年

千歳第３ダム（北海道千歳市／目録16）：王子製紙が管理する水力発電用のダム。谷積みの原型をほぼ残し、煉瓦づくりの発電所建屋とともに歴史価値は大きい（→P212）。

写真：清水篤

1919年

千苅ダム（兵庫県神戸市／目録18）：複雑な全面越流の美。明治～昭和期の土木技術者である佐野藤次郎の最高傑作といわれる（→P250）。

写真：安河内孝

1924年

久山田ダム（広島県尾道市／目録29）：重力式とアーチ式を複合した構造のダム。アーチ状に湾曲させることで、強度を増す（→P268）。左図は尾道市で見つかった建設時の平面図。〔K〕、図：尾道市所蔵

1926年

黒又ダム（新潟県魚沼市／目録32）：信濃川水系では最も古い大正時代に建設された水力発電用のダム。堤体全面が玉石積みという姿は圧巻。100年近くのあいだ、越流による水や土砂で磨かれた玉石が赤黒く光っている（→P227）。〔K〕

1926年

小ヶ倉ダム（長崎県長崎市／目録33）：設計は東京市の上水道を手がけたことで知られる中島鋭治。堤体の下流側にはアーチ式の副ダムがある。黒い本堤と赤茶色にはえる副ダム（左下写真）が対照的な印象を与える（→P302）。　写真：安河内孝

1927年

河内ダム（福岡県北九州市／目録38）：第一次世界大戦による鉄の需要増に対処するために建設された、官営八幡製鐵所の製鉄用水補給用のダム。工事開始時には東洋最大といわれた、石積み堰堤の最高峰の一つ。工事は人力作業中心で、延べ90万人ともいわれるほど多くの人が関わったが、殉職した人はいなかったという。ダムのてっぺんにある取水塔（➡部分）にも、右の写真のように大小さまざまな石が巧みに使われている（→P289）。

写真：安河内孝（上）、〔K〕（下）

1932年

上田池ダム（兵庫県洲本市／目録51）：農業ダムとしては最大の堤高41.5m。近代土木技術が発達し、大規模なダムの建設が可能になった大正後期、安定した農業用水を供給する目的で計画された。人力を中心に７年に及ぶ難工事だったという。荒々しい堤体がまるで城壁のようにそびえ、大規模な越流美を誇る。上の写真の➡部分には市松模様に小窓が開いた高欄（手すり）があり、手の込んだ造りとなっている（左写真）（→P253）。

写真：安河内孝

1933年

青下(あおした)第３ダム（宮城県仙台市／目録56）：青下３兄弟（第１～第３ダム）の一つで、わずか１kmのあいだに３つの水道専用の石積み堰堤がある。いずれも玉石積み（写真上）が美しい（→P222）。〔K〕

1938年

白水(はくすい)ダム（大分県竹田市／目録58）：「全面越流」と呼ばれる、ダムの堤頂全体を洪水が流れる放流方式。白く立つ波と演出された水流の美しさで全国的に知られる（→P307）。

写真：清水篤

1950年

成相池(なりあいいけ)ダム（兵庫県南あわじ市／目録68）：戦後の竣工で、国内で最後に造られた石積み堰堤といわれる。1999年、下流に成相ダム（➡部分）が建設されたことで役目を終了。灌漑(かんがい)用（農業用水）として地域に貢献した由緒あるダムは、地元の人たちに愛され、水中に半分水没しながらも保全されている（→P255）。

写真：安河内孝

はじめに

ダムは、道路や鉄道、上下水道などと同じように、産業や生活の基盤となる重要な施設の一つだ。その多くは山深いところに建設され、地域の経済活動やわたしたちの生活を山奥からひっそりと支えている。ところが、最近、ダムの周辺が賑やかになってきた。お城や社寺を見て歩くように、ダムを巡る人が増えているのだ。ダムがもつ最大級建造物としての迫力と構造美、貯水池の水をダムのゲートから流す滝状の放流、貯水湖の安らぎ、豊かな自然環境など、ダムが生み出すさまざまな景観に魅せられて、多くの人がダムを訪れている。

親子2代にわたるダムエンジニアであり、若年からダム技術の修行を積み重ねてきたことが自慢である小生にとって、このダムブームはたいへん喜ばしいことだ。魅力あふれるダムについて語り、一般の方にダムの面白さをさらに深く知ってもらいたいと思っていたところに、今回、「ニッポン再発見」というシリーズのラインアップにダムを加え、ダムの歴史や現在を見ることで、日本の新たな側面を発見することができないか、というお話をいただいた。

ダムについて一般の方たちにお話できる絶好のチャンス！　しかし、これまでに出ているダムの本と同じような内容では面白くない。「河川法」の定義で定められたダムだけでも国内で約3000あり、目的や建築条件によって型式が異なるうえ、規模もさまざまだ。すべてのダムを包括的に紹介するとなると、たいへんなことになる。

そこで注目したのが、明治初期に突如として現れた「石積み堰堤（えんてい）」である。国内においては明治から大正、昭和初期までの約50年間で70基ほど築造された石積み堰堤にまつわる話を中心に、その歴史的価値や「用・強・美」（実際に人間が使えて役に立つ・大地震にも耐えうる強さをもち人間を守れるものである・形や色など表現が美しい）の成り立ちに内容を絞ることで、日本の近代社会を築き上げるうえで欠かすことのできない、ダムの重要な役割をみなさんに伝えたいと考えた。100年ほど前の日本で、いったい何が必要とされ、何が優先されたのか。石積み堰堤の歴史をたどると、近代国家の建設を進める、当時の日本の姿が見えてくる。

ここで、時代と石積み堰堤の関係をほんの少し紹介したい。日本の明治・大正・昭和期の変遷が垣間見られるのではないだろうか。

・「コレラから日本を守れ！」　日本の石積み堰堤は海外との貿易港で始まった
・「時代は軍靴の足音とともに」　軍需施設として建設された石積み堰堤
・「列強国に追いつけ」　日本の近代化を支えた工業用石積み堰堤
・「食料増産、豊かな実りをめざして」　各地に建設され始めた農業用石積み堰堤
・「変わりゆく日本とともに」　時代の変化に合わせて変わりゆく石積み堰堤（補修・補強や再開発によって姿を変えたダム）

ところで「石積み堰堤」といっても、読者のほとんどの方がご存じないと思うので、かんたんに説明したい。

日本で最初に出現した石積み堰堤は、欧米のダム建設本格化に遅れること十数年の1900年に竣工した布引（ぬのびき）ダム（兵庫県神戸市）である。それまでは、堤高（外からながめた見かけのダムの高さに、地下に隠れているダム堤の深さを足したもの）20メートル以下のアースダム（土堰堤（どえんてい））しか建設できなかった日本にとって、20～30メートルを超えるコンクリートダムの登場は、実に画期的なことだった。これらは、水道用水の補給、発電、農業用水・工業用水の補給、治水などの目的において重要な役割を果たし、インフラ整備によって日本の近代化を推し進めた。

「石積み堰堤」という名称は、堤体（ダム本体）外部を、目地（継目）をモルタルで固めた石積みで囲い、その内部に大きな石（粗石（そせき））を置いた後にコンクリートまたはモルタルを流し込むという建造方法に由来している。外面は、天然石やブロックを張って造る石張りで、手造りによる微細まで凝った装飾が美しい景観を呈している。その風格から、年を重ねるほど文化財的価値が増しているといっても過言ではない。現在、石積み堰堤の多くが日本の近代化の歴史を示す美しい土木資産として、重要文化財、登録有形文化財、土木遺産、産業遺産などに指定されている。

石積み堰堤は、昭和期に入ると、大型施工機械の普及とともに徐々に外面もコンクリートで造られるようになり、現在のコンクリートダムに切り替わっていった。そのため、技術史上においても、石積み堰堤は、現在の大型コンクリート構造物の建造技術につながる過程として重要視されている。

地域と産業の発展を支えた石積み堰堤は風土景観化しているが、技術的にも後のコンクリートダムの技術発展に大きな影響を与えている。現代においても構造設計の土台であり、構造の巧妙さと景観の格調の高さは、ダムについて学ぶうえで格好の教材だ。

この本を書くにあたり、今回初めて日本の石積み堰堤の数を数えたら、70ダムにのぼった。これは、世界的に見るとドイツなどのヨーロッパ諸国よりも多く、おそらくアメリカに次いで第2位と思われる。ここで、日本人として誇れるのは、「石積み堰堤の多さは、近代化を世界で最も早い時期に成し遂げた証でもある」ことである。その理由は、本書を読んでいただければおわかりになるだろう。

執筆は、小生を主著者とし、ダムファン（「ダム好き」「ダム愛好家」とも呼ばれる）お二方の協力を得た。つまり、第6章までは小生が執筆し、全国ダム紹介となる第7章は、お二方の記事と写真が大半となる。お二人とも一般財団法人日本ダム協会から任命された「ダムマイスター」（広く一般の人にダムの実態、役割、魅力などについて知ってもらうために、それを支援する役割をもつ者）であり、その知識と行動力はプロ（ダムの専門家）顔負けのもの。主宰するホームページのなかで、とてつもなく多くのダムを訪問して紹介している。その内容は実に楽しいので、ぜひともウェブ上で覗いてみてほしい。また、できるだけ質の良い写真を選定しているが、その多くを安（やす）河内孝氏（こうちたかし）（「ダム仙人」として有名なダム写真家）からご提供を受けた。

この本では、明治、大正、昭和初期の石積み堰堤建設の歴史や技術を、その「用・強・美」とともに語りながら、現在の補修や石積みの復活、そして最後に全国の主要な石積み堰堤の紹介をしていく。読者のみなさまのダムを見る目が変わるとともに、ニッポン再発見に役立てていただければ幸いである。

※本書への写真掲載にご協力いただきました関係各位に感謝いたします。著者である川崎秀明撮影の写真については、キャプションに〔K〕と記しています。

2002年、石積み美との出会い。本河内(ほんごうち)低部ダムに見入っている著者。

目次

ダム雑学

コラム◆◆◆◆◆

1 日本の近代化のなかで

白水（はくすい）ダム（大分県）：流水美で全国ブランドとなった石積み堰堤。〔K〕

石積み堰堤（えんてい）とは、堤体（ダム本体）の上流面と下流面が石材でおおわれたコンクリートダムのこと。欧米ではメーソンリーダム（masonry dam）と呼ばれる。堰堤とは戦前のダムをさす用語であり、石積みは外側を石で積んだという意味で、その後に内部にコンクリートを流し込む。明治期の政府文書に「石積堰堤や石造堰堤」という用語でたびたび現れてくる。その魅力は、城壁や石垣とも共通するが、一様でない複雑な乱反射による石の輝きであり、風雪とともに増す味わいにある。

日本において石積み堰堤の建設が始まったのは、19世紀末の神戸市や長崎市であり、水道水源としての役目であった。それまで、堤高（ダムの基礎地盤から堤頂までの高さ）20メートル以下のアースダム（土堰堤（どえんてい）＝土でできたダム）しかなかった国内において、20〜30メートルを超える近代的なコンクリートダムの出現は画期的であった。

その後、日露戦争（１９０４〜０５年）から大正期にかけては、水道の普及とともに全国の都市でダム建設がおこなわれるようになった。水道用の目的のなかには、今にはない用途である軍艦や機関車への水補給もあった。大正期に入ると、発電を目的とする石積み堰堤が多く建設されるようになり、関東大震災を経て昭和期に入る頃からは食料確保のための農業用水確保、産業振興のための工業用水確保を目的とするものが多くなった。これらのダムの大半は石積み堰堤であり、地域の近代化や産業振興に重要な役割を果たした。なお、洪水調整を目的にもつ治水多目的のダムは１９３０年代に建設が開始されたが、すでに型枠工法*の時代に入っていたことから、石積みを外側に使ったダムはない。

なお、国内ダムにおいて、堰堤とダムは同じ意味だが、名称として混乱しやすいので、「〇〇ダム」という呼び方が通称で使われているものは、正式名称が堰堤であっても「〇〇ダム」と記した。

国内の石積み堰堤

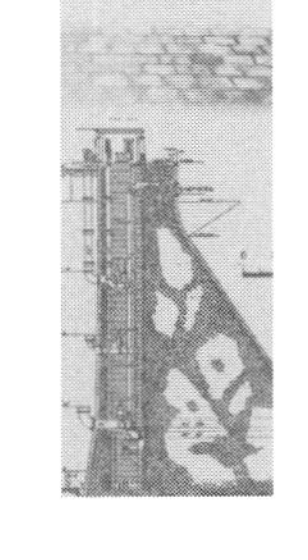

日本の石積み堰堤は、1900（明治33）年に国内最初のコンクリートダムが竣工してから、戦後間もない頃までの約50年間において建設されている。しかし、国内のダムに関する台帳（『ダム年鑑』や総合情報サイトの「ダム便覧」〈ともに日本ダム協会〉など）には、水道用水や発電といった設置目的や、重力式、アーチ式というダム型式は記載されているものの、材料（石材の種類）や工法といった石積み堰堤に関係する記述は一部の文化財化したダムを除いてごく少なく、石積み堰堤の全体数や分布状況は不明確であった。

そこで本書を執筆するにあたり、全国のダムを巡り歩いている共著者とともに、20世紀前半に建設された、外観が石積みのダムを調べ直して目録化する作業をおこなった。ポイントは堤体の表面が石積みであるか否かである。しかし、重力式コンクリートダム（↓P312）と分類されていても石積みであるダムもあり、粗石（そせき）コンクリートダム（↓P72）とあっても外側が石積みでないダムもある。また、改修で外側の石積みが見えなくなったダムや、廃止されていて文献に記載のないダムもある。

結局、外側が石積みのダムを石積み堰堤として定義し、改修されていても廃止されていても、元の堤体が現存していれば、石積み堰堤として数えることとした。なお、形状は似ているが、貯水機能をもたない砂防ダム*や重力式コンクリート擁壁（ようへき）*などは目録化の対象から外している。

用語解説……**型枠工法**●クレーンによって型枠の組立・移動を繰り返しながらコンクリートダムを造っていく工法。
砂防ダム●土砂災害を防ぐために土砂をせき止めることを目的とするダム。
重力式コンクリート擁壁●コンクリートの重さで背面の土石の圧力を支える三角形断面の構造物。

また、今回の目録化では、ダムの定義*である堤高15メートル未満のダムも調査した。これは、①建設当時の堤高は、測量誤差や設計時資料の散逸などで数値の不確かなものが多い　②地中部の深さが不明で地表からの高さを堤高としたものもある、などの理由からである。

その結果、堤高10メートルから8メートルの間は該当ダムがほぼなかったことから、明確な線を引ける堤高10メートル以上のダムを国内石積み堰堤の目録化の対象とした。ちなみに、石積み堰堤の多いチェコのダム台帳を見ていたところ、最低堤高が11メートルだったので、堤高10メートル以上のものを今回の目録の対象とするのはそれほどずれていない。

左ページの表は、そのような作業をおこない、一覧にしたものである。調査不足で見落としているる石積み堰堤があるかもしれないが、合計70ダムとなった。それにしても、事前に想定していた数よりも大幅に多く、作業をおこなった我々も驚いた。ただし、このなかには、すでに廃止されたものや、全面的にコンクリートでおおわれて石積みの面影を失ったものも多くある。

目的別にすると、水道用が21基、軍港用が4基、工業用4基、農業用が13基、発電用が28基であり、自治体管理のものが多い。地域的には、瀬戸内海中心に石積み堰堤が多いが、これには、瀬戸内海の島々が伝統的に石材の産地であったとともに、腕の良い石工（いしく）を確保しやすかったという理由がある。

日本の石積み堰堤目録・竣工年別一覧（堤高 10 m以上で現存するダム）

建設時の目的 □：水道用水、■：軍港用水、■：工業用水、■：農業用水、□：水力発電

No.	石積み堰堤の名称	竣工年	堤高m	No.	石積み堰堤の名称	竣工年	堤高m
1	布引（兵庫県）◎☆	1900	33.3	36	吉野谷（石川県）☆	1926	20.5
2	桂貯水池（京都府）◎☆	1900	12.4	37	転石（長崎県）☆	1927	22.7
3	本河内低部（長崎県）☆	1903	27.8	38	河内（福岡県）☆	1927	43.1
4	西山（長崎県）☆	1904	31.8	39	養福寺（福岡県）	1927	33.5
5	立ヶ畑（兵庫県）○☆	1905	33.3	40	上来沢川（山梨県）☆	1927	19.0
6	聖知谷（韓国・釜山市）	1909	28.8	41	大滝（群馬県）	1927	11.0
7	藤倉（秋田県）◎☆	1911	16.3	42	セバ谷（長野県）	1928	22.7
8	黒部（栃木県）☆	1912	28.7	43	七番川（愛媛県）	1929	25.5
9	飯豊川第１（新潟県）	1915	36.9	44	豊稔池（香川県）◎☆	1930	32.3
10	乙原（大分県）☆	1916	17.2	45	高藪取水（高知県）☆	1930	11.6
11	千歳第２（北海道）☆	1916	13.0	46	江畑（山口県）○☆	1930	14.4
12	本庄（広島県）◎☆	1916	25.4	47	大津（群馬県）	1931	19.6
13	大又沢（神奈川県）	1917	18.7	48	柿原第１（愛媛県）☆	1931	18.0
14	千本（島根県）○☆	1918	15.8	49	一の渡（青森県）	1931	15.6
15	草木（兵庫県）	1918	24.8	50	常路川（北海道）☆	1932	24.5
16	千歳第３（北海道）☆	1918	23.6	51	上田池（兵庫県）☆	1932	41.5
17	千歳第４（北海道）☆	1919	21.9	52	山田池（兵庫県）☆	1932	27.3
18	千苅（兵庫県）○☆	1919	42.4	53	猪ノ鼻（兵庫県）	1933	27.9
19	大河原取水（京都府）☆	1919	14.9	54	青下第１（宮城県）○☆	1933	17.4
20	高橋谷（岐阜県）	1919	18.5	55	青下第２（宮城県）○☆	1933	17.4
21	奥小路低所（広島県）	1919	13.6	56	青下第３（宮城県）○☆	1933	17.7
22	奥川第１発電所（福島県）	1920	12.8	57	中宮（石川県）	1935	16.6
23	美歎（鳥取県）◎☆	1922	23.0	58	白水（大分県）◎☆	1938	14.1
24	曲渕（福岡県）☆	1923	45.0	59	大谷貯水池（山口県）☆	1938	27.3
25	小荒（新潟県）☆	1923	23.0	60	桜谷（山口県）	1938	24.0
26	帝釈川（広島県）☆	1923	62.4	61	尾口第１（石川県）☆	1938	26.9
27	桂ヶ谷（山口県）○☆	1923	13.4	62	御所池（徳島県）	1939	16.0
28	中岩（栃木県）☆	1924	26.3	63	頂吉（福岡県）☆	1939	36.5
29	久山田（広島県）○☆	1924	22.5	64	深山溜池（島根県）☆	1943	15.0
30	由良川（京都府）	1924	15.2	65	見坂池（徳島県）	1946	17.0
31	一の沢（北海道）	1926	20.3	66	平山上溜池（熊本県）	1947	15.0
32	黒又（新潟県）☆	1926	24.5	67	栗原（広島県）	1950	19.0
33	小ヶ倉（長崎県）○☆	1926	41.2	68	成相池（兵庫県）	1950	33.0
34	幸口（愛媛県）	1926	20.6	69	金山大池（島根県）	不明	約10
35	上麻生（岐阜県）☆	1926	13.2	70	大谷池（島根県）	不明	約15

（◎：重要文化財、○：登録有形文化財、☆：国土交通省 近代土木遺産・経済産業省 近代化産業遺産・土木学会 推奨土木遺産・土木学会 現存する重要な土木構造物 2800 選・日本水道新聞社 近代水道百選）

用語解説……ダムの定義●日本において、ダムとは堤高が15メートル以上のものをさす。国際的には堤高15メートル以上をハイダムと呼んでいる。15メートル未満のダムをローダムと呼ぶこともある。

下のグラフは、重力式コンクリートダム（「石積み」もしくは「型枠工法（→P11）」）について目的別に分けて竣工年別の堤高変化をグラフにしたものだが、次のような面白い特徴が読み取れる。

(1)欧米の石積み堰堤の建設は、1870年代の堤高15メートルくらいから始まったが、日本の石積み堰堤は、いきなり高難度の技術を要する堤高の高いダムから建設が始まった。日本は当時最新のダム技術を導入したので、比較的堤高の高いダムからスタートした。

(2)1920年代半ば以降、発電ダムを中心に堤高の高い重力式ダムは、マスコンクリート（機械を用いて打設された大容量コンクリート）と型枠工法との組み合わせに切り替わっていく。戦後

国内重力式コンクリートダムの堤高の変遷（目的別）

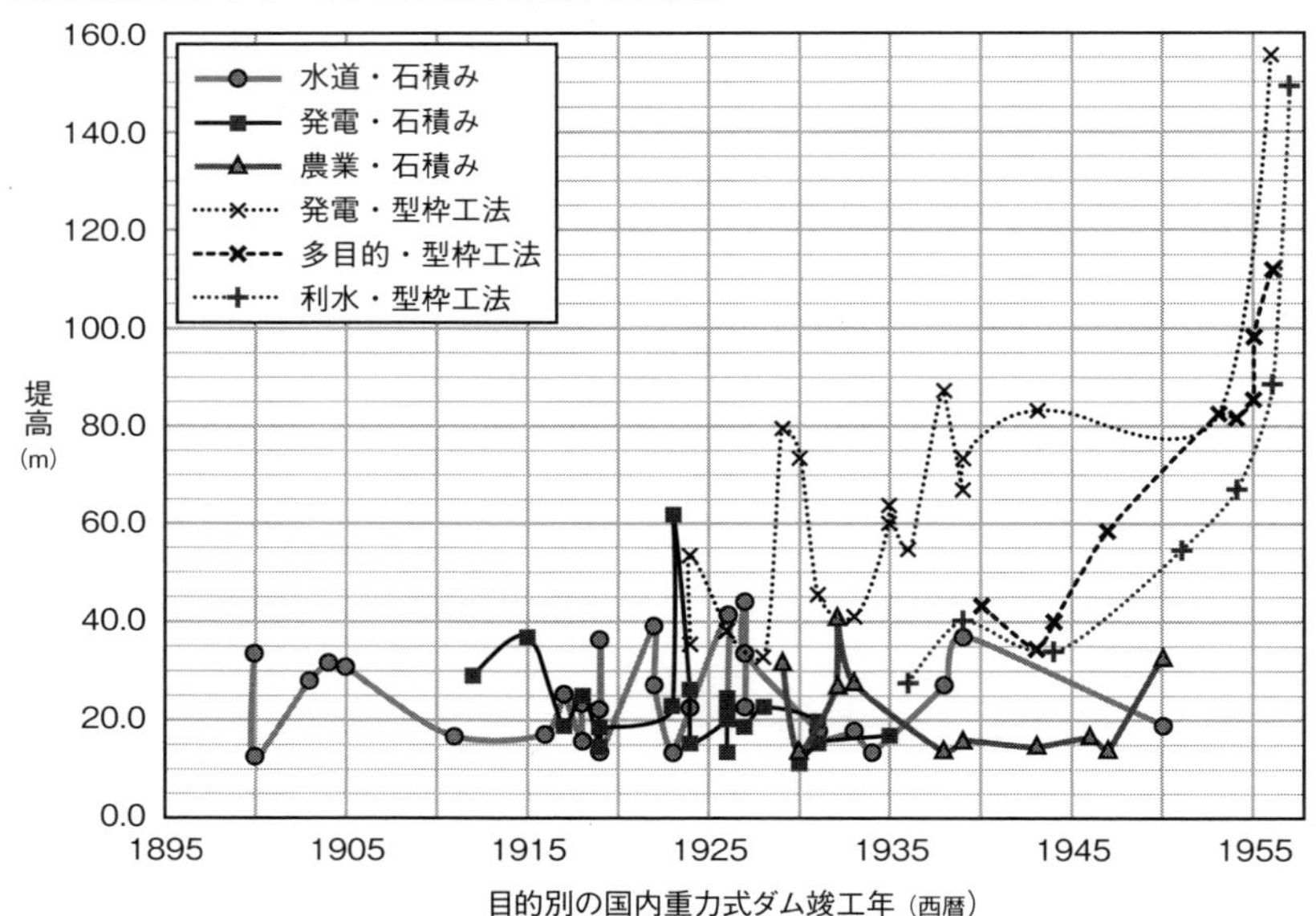

※実線は石積み堰堤をほぼ全数網羅したもの。破線は型枠工法ダムのうち数年次別の堤高最大級を抽出したものである。

の1950年代には急速なハイダム化が進み、各目的とも堤高100メートル超級のダムが多く造られるようになる。

(3)石積み堰堤の主流を占める水道用ダム（工業用、軍港用を含む）の最大堤高で見ると、1920年代に40メートル台に高まった後、1928（昭和3）年以降は堤高20メートル程度に下がり、建設数も減っている。停滞の理由として、長期間続いた経済不況のため地方財政がひっ迫した影響が大きい。

(4)農業用の石積み堰堤は、1923（大正12）年の用排水改良事業補助制度*以降に多く建設されるようになった。概して堤高20メートル程度のものが多く、戦中、戦後の物資不足の時代においても地元の懸命の努力で建設されている。

(5)発電用の石積み堰堤は、1925（大正14）年頃からマスコンクリートと型枠工法の技術革新を受けてハイダム化が進むが、20メートル程度の低いダムには石積み工法が残った。

(6)グラフ中に破線で表されている多目的の対象は、河水統制事業*などによる治水と利水を目的とするダムである。多目的ダムとして日本で最初に竣工したのは1940（昭和15）年の向道ダム（山口県周南市）であり、時代的に型枠工法から始まる。

(7)破線の利水は、水道用と農業用のダムである。戦後のダムは、ほとんどが型枠工法に切り替わった。1956（昭和31）年竣工の小河内ダム（東京都奥多摩町）が、現在でも水道用ダム最大の堤高（149メートル）である。

用語解説……**用排水改良事業補助制度**●用排水幹線の改良に対する農林省（当時は農商務省）の府県への助成制度。農業用水資源開発への国家投資の始まりともいえる。

河水統制事業●昭和初期、内務省で河川の総合的な開発が構想され、1937年に調査費が、1940年から補助金が支出された。

明治期の日本と欧米の技術格差

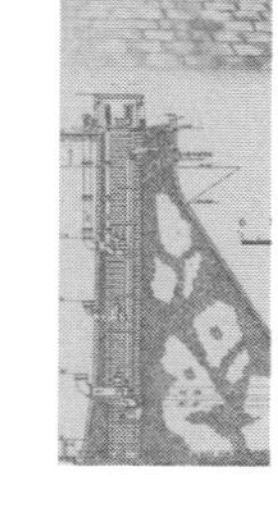

欧米の近代化は、19世紀後半から20世紀前半まで最も急速に進んだ。その時期の技術革新・インフラ整備における欧米と日本の格差について見ていくと、次のようになる。

①セメントの工場生産（2年の差）：アメリカは1871年に、フランスは1878年に開始した。日本はアメリカから2年遅れて、1873（明治6）年、東京の江東区にできた官製工場の深川セメント製造所から始まる。

②鋼鉄（10年の差）：1880年代に転炉（銑鉄を鋼に転換）の製鋼法が確立し、1890年代に欧米は安価な大量製鋼時代に入った。日本は10年後の1901（明治34）年、官営の八幡製鐵所が操業を開始した。

③電力（10年の差）：欧米での電気の一般認知は、1881年にパリで開催された国際電気博覧会で、白熱電球、電話、路面電車などが登場した。1882年にはエジソンがニューヨークで世界初の送電網を構築し、電力の需要が急速に増した。日本では1891（明治24）年に運転が開始された京都市の蹴上水力発電所（容量160キロワット）が最初の事業用水力発電所であり、その電力は街灯や工場生産に使用された。

④鉄道（30年の差）：欧米の鉄道建設ラッシュは1840年代から始まった。日本は1872

（明治5）年に新橋～横浜間で鉄道が初めて開業し、30年遅れで鉄道の時代を迎えた。

⑤下水道幹線（40年の差）：パリ（フランス）は1858年までに、ロンドン（イギリス）は1859～75年に1次整備を終え、ニューヨーク（アメリカ）は1859年から整備が開始された。東京（日本）は1884（明治17）年に神田下水から整備が開始された。

⑥コンクリートダム（30年の差）：世界最初の重力式コンクリートダム（粗石コンクリート石積み堰堤）は、1872年に竣工したスイスのマイグラウゲダム（Maigrauge：堤高21メートル→P72）と、アメリカ・ニューヨーク州のボイド・コーナーダム（Boyds Corner：堤高24メートル→P73）である。30メートルを超す本格的なハイダムとしては、1888年に竣工したイギリスのヴィルンウィーダム（Vyrnwy：堤高44メートル→P74）などがある。日本初は、1900（明治33）年に竣工した神戸市の布引（ぬのびき）ダム（堤高33・3メートル→目録1）だが、実際に欧米で粗石コンクリート石積み堰堤が普及したのは1890年代からなので、日本は欧米に比してさほど時間的な遅れを取っているわけではない。

ヴィルンウィーダム：世界初の本格的ダム建設で有名。仮設レール上をクレーンが稼働している。　図版：「Victoria Powys」（ウェールズ中部のポーイス地方の19世紀後半を記した著作物）より

水道供給のための石積み堰堤の建設

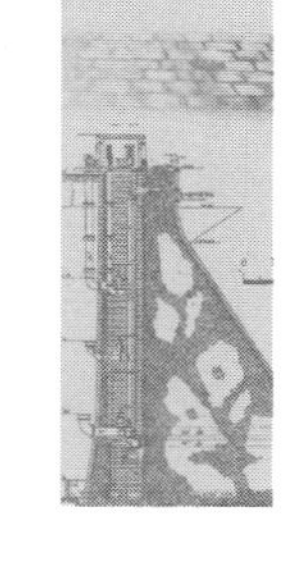

近代水道は、1887（明治20）年10月に相模川上流の水源から横浜への水道が整備されたのが国内最初である。続いて翌年には函館の上水道、さらに翌年に佐世保の上水道、その2年後に長崎市の上水道が完成した。横浜、函館、長崎は、いずれも外国人居留地のある貿易港からもたらされるコレラなどの疫病の流行を防ぐための市民用の上水道整備であり、佐世保は軍港用水道*の整備が目的であった。1890（明治23）年に水道の全国普及と、水道事業の市町村による経営を内容とする水道条例が制定されたことにより、水道整備は全国の都市部に急速に広がった。

国内最初の水道用ダムは、河川水源がなかった長崎市に建設された。1891（明治24）年に竣工したアースダム（土堰堤→P312）の本河内高部ダム（→P150）である。一方、国内最初の石積み堰堤は、神戸市によって布引ダム（目録1）が1900（明治33）年3月に建設された。予算的には日清戦争（1894～95年）の終了を待っての開始だが、戦争後の物価高に見舞われ、竣工までに時間がかかった。

水道用石積み堰堤の国内2、3番目は、本河内低部ダム（目録3）と西山ダム（目録4）である。両ダムとも長崎市による事業だが、海軍への建設委託であり、日露戦争（1904～05年）前夜の当時の状況を反映して、華美な装飾は付けずに質素にして実用的な造りとなっている。ちなみに、両ダムの下流面は、時代を先取りしたような人工の石材（コンクリートブロック）が使われている。

1905（明治38）年には神戸市により立ケ畑ダム（目録5）が建設されたが、1914（大正3）年の嵩上げ*時に各所に装飾が施され、洒落た造りとなっている。石積み堰堤の建設が長崎と神戸で交互しているが、両市ともに、市域の拡張と人口の増加に伴う水道供給が目的であり、その背景には前述したように「防疫*」がある。

水道用石積み堰堤の建設は1910年代に入り、秋田市による藤倉ダム（目録7）、別府市による乙原ダム（目録10）、松江市による千本ダム（目録14）、神戸市による千苅ダム（目録18）、鳥取市による美歎ダム（目録23）、福岡市による曲渕ダム（目録24）と続く。これらのダムは、第

用語解説……**軍港用水道**●旧海軍の港湾、船舶、軍関係者への水補給を目的として建設された水道設備。地元民生用も含む。

嵩上げ●ダムの高さを上げて貯水池の容量を増やすこと。

防疫●感染症の流行を防ぎ、その侵入を予防するための対策を立てること。

布引ダム：堤体埋設管排水による揚圧力（→ P99）軽減、ダム軸（→ P83）基礎のカットオフ（切り欠き → P77）による止水線形成、断層のコンクリート置き換えなど、当時の最先端技術が導入された。〔K〕

一次世界大戦（1914〜18年）前後の好景気の影響を受けて、石積みも、より豪華に見える。千苅ダムと曲渕ダムは、竣工時から将来の嵩上げを見込んで太い断面で建設している。両ダムとも同じく、竣工の12年後に20尺（6・06メートル）の嵩上げを完了した。

1924（大正13）年には、国内アーチ重力式コンクリートダム（→P312）の草分けともいえる、尾道市による久山田ダム（目録29）が竣工した。当ダムは市民の飲料用水以外に船舶用水補給（産業発展）という期待もあり、篤志家の寄付というほかに例がない方法で資金の大半が賄われた。山口県小郡町による桂ケ谷ダム（目録27）は、珍しくも鉄道用水補給がサブ目的であった。堤体が小さいながらも、石積みに優れている。

関東大震災（1923年）後は、宇和島市による幸口ダム（目録34）と長崎市による小ケ倉ダム（目録33）が竣工したが、全国的な財政ひっ迫で公共事業費も削減され、ダムの建設数も少なくなった。なお、小ケ倉ダムの施工は囚人を使っておこなわれたとある。施工中の写真を見ると大きな石（粗石）を足場に敷いた人力主体の施工であり、この頃のダム施工の主流は、まだ粗石コンクリート工法（→P126）だったのがわかる。

経済状況が回復した1933（昭和8）年には、仙台市によって青下第1、2、3ダム（目録54〜56）が竣工した。いずれも堤体の頂部をほぼ全面越流*する下流面に石積みの難しい玉石積み*を使っていて、実利と美において優れている（→P221）。

戦時体制下に入った1939（昭和14）年には、門司市による頃吉ダム（目録63）が竣工した。

戦時中、大半の国内ダム工事は物資不足のため中止に追い込まれたが、門司、佐世保、呉などのダムは、軍事的に重要な港湾を抱えていることから優先されている。

最後の水道用石積み堰堤は、戦後の尾道市による栗原ダム（目録67）である。戦前に砂防ダム（↓P11）として起工し、戦後に工事を再開し、物資不足が続くなかで竣工させた。

なお、水道用の貯水堰堤は、大阪以東では少ない。これは各都市の水源事情があるので一概にいえないが、東京、大阪、横浜などの大都市は、河川水、地下水からの取水で当時の必要量を賄うことができたからだと考えられる。

用語解説……**全面越流**●流水時に、ダムの堤頂全体を洪水が流れるタイプの放流方式をさす。
玉石積み●大きさのほぼ揃った玉石（丸みのある自然石）をモルタルで固めながら積んだもの。上下に目地（継目）が通らないように積む。

曲渕ダム：1918年5月の基礎掘削開始から1923年3月の竣工まで5年をかけて建設。その後1931年9月～1934年3月に、6.06mの嵩上げをおこなった。〔K〕

ダム雑学①

石積み堰堤の建設と都市人口の推移

１８７６（明治9）年当時において、国内都市人口の最上位グループにはない神戸市と長崎市が最初の石積み堰堤の建設地となった理由には、両市とも日本有数の貿易港としての発展が期待されていたことがあげられる。当時、世界の主要港ではコレラなどの疫病が飛び火的にたびたび流行していたので、疫病流行から都市を守るために、清浄な水源による水道整備が必要となっていたのだ。

水源確保後の両市の急激な人口増については、下の表に示すように明確である。１８７６年時と比べると、国政調査の始まった１９２０（大正9）年時の人口は、神戸市60万９０００人（全国第3位）、長崎市17万７０００人（全国第7位）と全国的に見て大幅に人口を増やしている。

このため両市とも、１９１０年代には人口増のための新たな水源確保計画をもち、１９２０年代にダ

日本の都市人口の推移（総務庁統計局資料）

（単位：千人）

	1876年（明治9年）		1920年（大正9年）		1930年（昭和5年）	
1	東京市部	1,122	東京区部	2,173	大阪市	2,453
2	大阪市	361	大阪市	1,253	東京区部	2,071
3	京都市	246	神戸市	609	名古屋市	907
4	名古屋市	131	京都市	591	神戸市	787
5	金沢市	98	名古屋市	430	京都市	765
6	横浜市	90	横浜市	423	横浜市	620
7	広島市	82	長崎市	177	広島市	270
8	神戸市	80	広島市	161	福岡市	228
9	仙台市	62	函館市	144	長崎市	204
10	徳島市	57	呉市	130	函館市	197

ムによる水源確保をおこなっている。

なお、1930（昭和5）年に東京の人口が減っているのは、1923（大正12）年9月の関東大震災の影響である。ダムにおいても、関東大震災前後で様相が大きく変わる。石積み堰堤を含む重力式コンクリートダム（→P312）は、耐震設計を取り入れて断面がより太くなり、現代の堤体断面に近くなる。堤体の断面形状の変化については、第3章で見ていく。

千苅（せんがり）ダム（目録18）：神戸市水道によって千苅り水源を確保するために造られた。工事開始は1914年。竣工は1919年。〔K〕

小ヶ倉（こがくら）ダム（目録33）：第一次世界大戦による好景気は、諸工業を発展させ、水の使用を増大させた。長崎市により第2期拡張工事（1920年スタート）で1926年に竣工。〔K〕

軍港補給水のための石積み堰堤の建設

日本のダムの特色として、軍港補給水（兵士の飲料水、船舶補給水も含む）のために、海軍によって造られたダムが多いということがあげられる。ちなみに、国内の軍港用水道の整備は、横須賀軍港水道が最も早く１８７５（明治８）年に、続いて佐世保軍港水道が１８８９（明治22）年、呉軍港水道が１８９０（明治23）年、４番目に舞鶴要港水道が１９００（明治33）年に竣工した。

旧帝国海軍によるダム築造を年代順にあげると、最初が１９００年９月竣工の、舞鶴鎮守府による桂貯水池堰堤（目録２）である。布引ダム（目録１）より半年ほど遅れての竣工であった。舞鶴が日露戦争（１９０４〜０５年）準備の重要な舞台であったのは知られているが、１９０１（明治34）年は舞鶴鎮守府の開府の年であり、日露の緊張が急速に高まっていたときである。次に、１９０９（明治42）年、大湊要港部の大湊水源地ダム（目録・参考１）が竣工した。アーチ形状の規範的な石積みだが、堤高が低い（７・９メートル）ので石積み堰堤の目録には入れていない。

１９１６（大正５）年には、海軍５拠点の一つである呉鎮守府が軍港水道拡張工事の一環として築造した本庄ダム（目録12）が竣工した。当時、規模は東洋一といわれ、緩やかな弧状の天端（堤頂＝ダム堤体のいちばん上部→Ｐ313）の御影石と５本の縦帯によって生み出される重厚さは、世界の石

桂貯水池堰堤：舞鶴港の船舶補給用水確保のため、軍港用水道の施設として建設。現在も舞鶴市の水道水源として使われている。 写真：清水篤

本庄ダム：海軍ダムの最高傑作。〔K〕

積み堰堤の美に通じるものがある。その2年後の1919（大正8）年には、奥小路低所ダム（目録21）が竣工した。本庄ダム同様に石積み表面の色が、今もきれいである。その後、1923（大正12）年には、佐世保鎮守府によって海軍の石積み堰堤の最後である転石ダム（目録37）の工事が開始された。関東大震災が起きたため、設計の見直しをおこない、4年後の1927（昭和2）年に竣工させた。

海軍によるダムは、戦後、旧軍港市転換法*により各所在の市町に移管され、現在も貴重な水源として使われている。

海軍築造のダムの特徴として、水道用ダムと比べて①堤体外に洪水吐き（→P111）を設けたダムが多い②装飾に凝ったダムが多い③大きめの石材が多い、などが見られる。また、自治体よりも軍のほうが物資調達を進めるのに有利だったので、より高価な石材の調達も可能であった。

奥小路低所ダム：大きめの石材を使った頂部の歯飾り（デンティル→P183）。　写真：江田島市

農業用水供給のための石積み堰堤の建設

農業用のダムは、伝統的にアースダム（土堰堤↓P312）が多い。より大型である重力式コンクリートダム（石積み堰堤↓P312）の建設は、1920年代に始まった。その背景として、1923（大正12）年に農業用の用排水改良事業補助（↓P15）が始まり、500町歩（1町歩＝1ヘクタール）以上の府県の改良事業に対して、半分以下の国庫補助がなされるようになったことがあげられる。灌漑用の重力式コンクリートダムの建設は、1922（大正11）年に竣工した、朝鮮*の大鰐ダム（目録・参考3）が最初である。朝鮮では合計3基の重力式ダムが建設されているが、いずれも詳細は不明である。

国内の農業（灌漑）用第1号は、1930（昭和5）年、香川県に竣工した国内唯一のマルチプルアーチダム（↓P312）といわれる豊稔池ダム（目録44）である。地元住民による組合が部分請負を含め延べ15万人を投入して竣工させた。その歴史的価値と当時を残す石積みの姿から、1997（平成9）年、国の登録有形文化財に、2006（平成18）年には国指定重要文化財（建造物）に登録された（同時に登録有形文化財からは抹消）。1988（昭和63）年から1994（平成6）年まで大規模補修がおこなわれたが、下流面景観は保全された。

重力式コンクリートダムの農業用第1号は、1930（昭和5）年に竣工した山口県の江畑ダム

用語解説……**旧軍港市転換法**●大日本帝国憲法下の日本で軍港をもっていた4市（横須賀市・呉市・佐世保市・舞鶴市）を平和産業港湾都市に転換するために、4市のみに適用された法律。
朝鮮●1910年8月の大日本帝国による韓国併合から、1945年9月に朝鮮総督府が降伏するまでの、日本統治時代の朝鮮。

（目録46）である。これも国の登録有形文化財（建造物）であり、建設時のままの姿で地元に活用されている。

その後、兵庫県において、１９３２（昭和７）年に山田池ダム（目録52）、上田池ダム（目録51）、１９３３（昭和８）年に猪ノ鼻ダム（目録53）が竣工した。３基とも堤体付属型洪水吐き（↓Ｐ110）の、花崗岩による堂々たる布積み（↓Ｐ107）だが、外観上は神戸の千苅ダム（目録18）との類似性がある。また、１９３８（昭和13）年に大分県の白水ダム（目録58）、１９３９（昭和14）年に徳島県の御所池ダム（目録62）が建設された。白水ダムはテレビのＣＭにも出てくる、全面越流の美を追求したダムである。戦時中には、島根県の深山溜池堰堤（目録64）が建設されたが、セメントなど物資不足のため、材料に大きな工夫が見られる（↓Ｐ263）。島根県には、金山大池堰堤（目録69）と大谷池堰堤（目録70）という二つの農業用堰堤が人知れずある。

戦後は、熊本県天草にある平山上溜池堰堤（目録66）

江畑ダム：農業用ダムでの重力式コンクリートダム第１号。　写真：安河内孝

上田池ダム：堤高 40m を超える農業用ダム最大の石積み堰堤。天端の装飾が美しい。　写真：安河内孝

御所池ダム：流線形の流下面をもつ、ていねいな布積み（→ P107）。　写真：安河内孝

と、最後の石積み堰堤となる兵庫県淡路島の成相池ダム（目録68）が建設された。成相池ダムは、下流に成相ダムが新設されたことで半分水没しているが（→P255）、最後の石積み堰堤にふさわしい出色の美しさであり、洪水吐き用の切削断面には高品質のコンクリートを見ることができる。

以上の石積み堰堤のいずれもが西日本である。これらのダムは、土地改良区*の地元農民が工事費を一部負担し、労働に参加して建設された。石碑の多さに見られるように、他の目的のダムよりも地域住民の愛着がこめられているといえる。そのせいか石積みの形がきれいで、石の美しさが際立って見えるダムが多い。よく見ると曲線部までていねいに積んであり、形状と石積みの美しさが見事に調和しているダムもある。風土資産化*して原外観にほとんど手が加えられておらず、愛情たっぷりに守られているのも農業用の石積み堰堤の特徴である。

水力発電のための石積み堰堤の建設

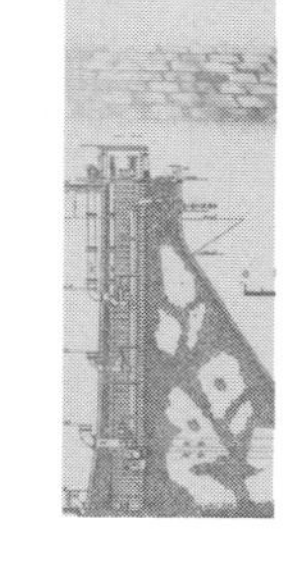

国内で初めての本格的な発電目的のダムは、1912（明治45）年に竣工した東京電灯（現東京電力）による鬼怒川上流の黒部ダム（目録8）である。この頃から電力普及に伴い水力発電が盛んになり、1911（明治44）年には電気事業を発展させる目的で、（旧）電気事業法が制定された。

黒部ダム：1987～89年に天端のゲートを合理化する大改築を実施した。このとき、景観保存に配慮し、越流部に張石工（→ P165）、門柱に化粧型枠（→ P165）を採用した。〔K〕

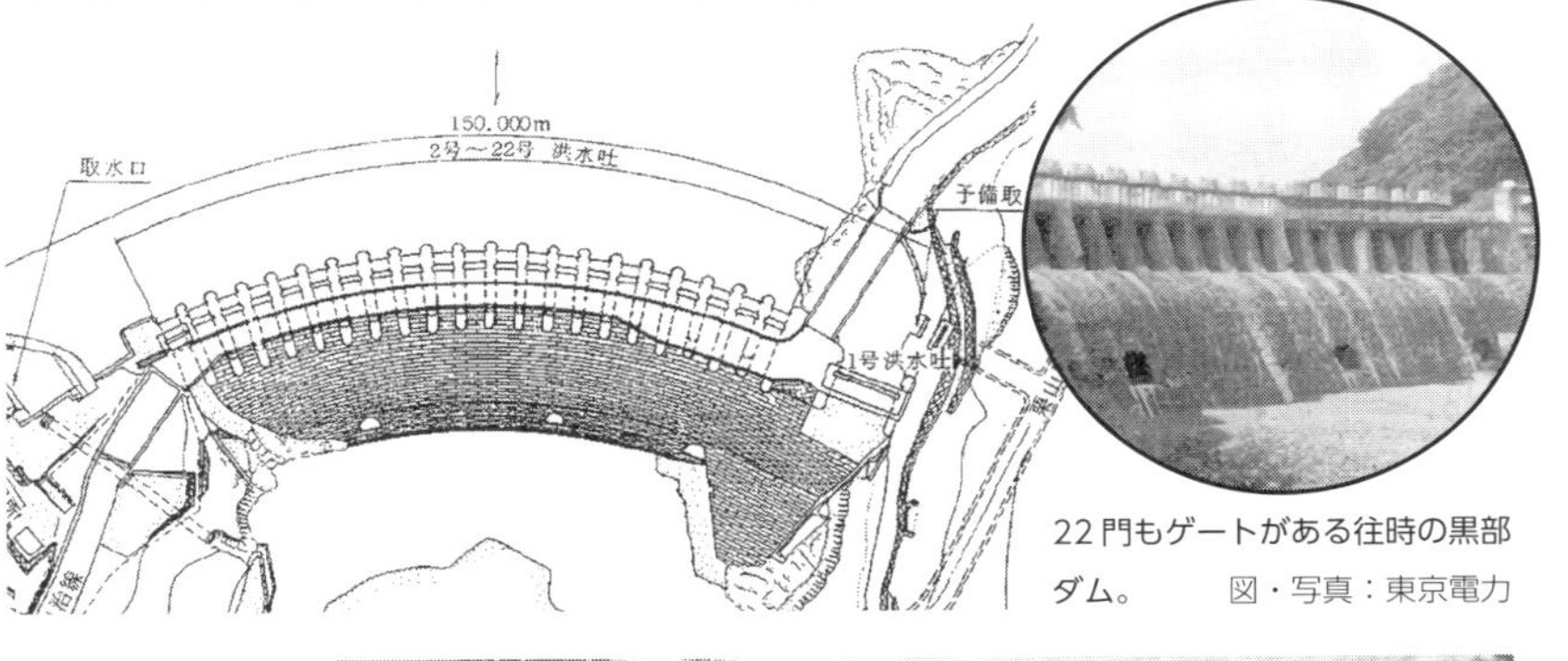

22門もゲートがある往時の黒部ダム。　図・写真：東京電力

千歳第3ダム：王子製紙によるダム群のなかで堤高が最も高い。建設当時の石積みが、ほぼそのまま残っている。〔K〕

用語解説……**土地改良区**●農地の改良、開発、保全、及び集団化に関する事業をおこなうための団体として、その事業の施工地域内にある土地所有者が土地改良法（1949年）に基づいて設立する法人（公共組合）。

風土資産●地域の自然環境、歴史、文化など地域風土を形成する資産。

1910年代には、新潟県に飯豊川(いいでがわ)第1ダム（目録9）、神奈川県に大又沢(おおまたざわ)ダム（目録13）、兵庫県に草木(くさき)ダム（目録15）、京都府に大河原(おおがわら)取水ダム（目録19）が建設された。北海道では王子製紙によって千歳(ちとせ)第1取水堰堤（堤高6・4メートルなので取水堰堤。ダムには認定されていない／目録・参考1）、第3ダム（目録16）、第4ダム（目録17）が建設され、現在も建設当時の美しい姿を残している。

1920年代に入ると、広島県に帝釈川(たいしゃくがわ)ダム（目録26）が1923（大正12）年に竣工し、1929（昭和4）年の小牧(こまき)ダム（富山県／堤高79・2メートル）の竣工まで堤高日本一を誇った。1923年には小荒(こあら)ダム（目録25）、続いて中岩(なかいわ)ダム（目録28）、由良川(ゆらがわ)ダム（目録30）が竣工し、発電目的のダムの建設が増えた。その背景には電力需要の急増がある。

1923年9月の関東大震災後も発電用ダムは多く着工され、一の沢(いちのさわ)ダム（目録31）、黒又(くろまた)ダム（目録32）、上麻生(かみあそう)堰堤（目録35）、上来沢川(かみくりざわがわ)ダム（目録40）、セバ谷(たに)ダム（目録42）、住友共同電力の高藪(たかやぶ)取水ダム（目録45）と建設が続いた。

中岩ダム：越流部が1969年に改修され、8門あったゲートが6門に変更。堤体もコンクリート表面に改められた。　写真：清水篤

帝釈川ダム：1931年に5.7m嵩上げをして堤高62.1mとなり、2006年の2次改修によって下流面はコンクリートでおおわれた（→P272）。
写真：鹿島建設

上来沢川ダム：現地採取の石材を活かした乱積み（→P109）で、荒々しいが味わい深い。　写真：清水篤

１９３０年代に入ると、大津ダム（目録47）、一の渡ダム（目録49）、中宮ダム（目録57）と石積み堰堤の建設数は急減した。これは、発電目的のダムにおける石積み工法が、１９３０（昭和５）年頃にはマスコンクリートと型枠工法の組み合わせに切り替わったためである（↓P14）。発電ダム自体はさらに大型化し、全国に普及している。

発電を目的とする石積み堰堤は、当初、貯留型*のダムが多かったが、１９２０年代半ばにコンクリートダムが大型化するのとは逆に、石積み堰堤の建設は流れ込み型*のダムが主流となり、堤高の高いものは造られなくなった。それに従い、１９２０年代半ば以降は、ゲートも天端橋梁（堤体の越流部に架けた橋）もない、常にほぼ天端全体で越流している石積み堰堤が増えた。

残念ながら、発電用ダムは石積みの景観があまり残っていない。つまり、１９１１（明治44）年から１９３８（昭和13）年までに28基の発電用の石積み堰堤が建設されたが、多くのダムは、経年劣化のために上流面と下流面のコンクリート打ち換えがおこなわれて、石積みの面影はかなり少なくなっている。この背景として、安定収益のある発電用ダムは、補修予算の確保がより容易であり、機能重視で工事がおこなわれることが多いという面がある。一方、経年劣化の進みやすいおもな理由として、流れ込み型の発電ダムは上流奥地にあるため、流入土石による侵食を受けやすく、越流部が傷みやすいことがあげられる。副次的には、①冬季に凍結融解*が進みやすい高標高にあるダムが多い②良質な石材や大型機械など資材搬入が難しい奥地が多い、などが理由に考えられる。

工業用水供給のための石積み堰堤の建設

北九州市にある河内ダム（目録38、工事開始の1919年では東洋最大といわれた）と養福寺ダム（目録39）は、官営八幡製鐵所（現新日鐵住金）の製鉄用水補給のためのダムで、両ダムとも1927（昭和2）年に竣工した。そもそもの目的は第一次世界大戦による鉄の需要増に対しての用水確保だが、戦前の殖産振興、戦後の産業復興の原動力となった。河内ダムは、国内石積み堰堤として当時第2位の堤高だったが、日本の軍需産業の基幹工場として潤沢な資金が割り当てられ、建設費は当時最大であった。当ダム建設を指揮した製鉄所土木部長の沼田尚徳による装飾を凝らした堤体景観が素晴らしく、ダムファンの評価が非常に高い。

山口県下松市にある大谷貯水池堰堤（目録59）は、久原鉱業（その後の旧日産コンツェルン）によって

用語解説……貯留型●貯水池に常に河川水をためておき、流量を増減して発電するタイプ。

流れ込み型●貯水池に水をためずに、そのまま流して発電するタイプ。

凍結融解●堤体表層のコンクリートや石材が凍結と融解を繰り返すことで劣化を引き起こす作用。

河内ダム：国内随一の独創的な石積み美を誇る。〔K〕

1938（昭和13）年に竣工した。江畑ダム（目録46）に似た美しい景観のダムであり、現在は日立製作所によって管理されている。天端取水塔の入口には、当時社長だった鮎川義介の揮毫による大谷溜池の書の石板がある。建設の経緯には謎が多い。

また、山口県の周南市には徳山曹達（現株式会社トクヤマ）によって、工業用水供給のために桜谷ダム（目録60）が建設された。1938年に竣工したが、現在は改築によって表面がコンクリートでおおわれている。

国内におけるコンクリートダムの登場

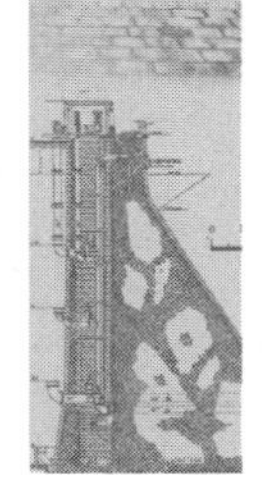

堤体の上流面と下流面の施工については、国内では1920年代に、工程上のネックとなりやすい石積み工法から、クレーンなどの大型機械を用いた型枠工法（→P11）へと変化が進んだ。これは、石積みからコンクリートむき出しへの外観変化でもあり、非常に重要な技術過程でもある。

型枠工法の国内先駆けとなった二つのダムは、ともに川幅の大きい箇所に建設された大規模なダムで、工法的には粗石コンクリートとマスコンクリートが併用されている。

(1)1924（大正13）年に竣工した大峯ダム（京都府）は、日本最初のマスコンクリート型枠工法を使用（上流面・下流面の石張りなし）、堤体設計への揚圧力（↓P99）の考慮、漏水対策として基礎岩盤グラウチング*の施工、堤体内に通廊*及び土砂吐き*を設置するなど、新しい試みが取り入れられた。

(2) 同じく1924年に竣工した大井ダム（岐阜県↓P230）は、型枠工法採用以外に、国内初の大型機械の本格導入や、ジョークラッシャー（破砕機）による骨材（コンクリートをつくるときに用いられる砂利や砂などのこと）生産の先駆的採用によって、当時、驚異的な高速施工を実現した。これについては、次のページでくわしく紹介したい。

大峯ダム（別名 志津川ダム）：国内で最初に型枠工法を採用。石積みはない。写真は昭和初期のもの。現在は天ヶ瀬ダムの湖底。

写真：鹿島建設

大井ダム：堤高は50mを超え、かつ堤頂長も長い。機械施工を国内で初めて本格導入した。型枠工法によるため、石積みはない。〔K〕

用語解説……**グラウチング**●地盤や構築物などのひび割れや隙間に、セメントミルクや薬剤を注入・充塡すること。

通廊●堤体内に設置された維持管理用の通路。監査廊ともいう。

土砂吐き●堰堤の上流側に堆積する土砂を排除して、取水に支障のないように取水設備などに附属して設けた構造物。

ダム雑学②

河内ダム・帝釈川ダムと大峯ダム・大井ダムの四つ巴の技術競争

1920（大正9）年頃は機械施工の費用がまだ高かったので、外枠には人力主体の石積みのほうが経済的であった。そのため、東洋一のダムとして1919（大正8）年に工事の始まった河内ダム（目録38）では、石積み工法が採用された。しかし、膨大な人力を必要としたため、工事が完了したのは1927（昭和2）年と遅れた。1923（大正12）年の関東大震災による、耐震上の設計見直しも影響したと思われる。

これに対して帝釈川ダム（目録26）は1920年から工事を始め、堤高56・4メートルの東洋一のダムとして1923年に工事が完了した。工期が早かった理由は、極端に谷幅の狭いダムサイト*にある。石積みの手間は全体工程のなかでさほど支障にならなかった。堤体積も3・1万立方メートルと堤高に比べて小さく、河内ダムの6・8万立方メートルと比べて半分以下であった。

同時期には、大峯ダム（↓P36）でも1920年から工事が開始され、当時最先端の型枠工法（↓P11）を採用して、4年後の1924（大正13）年に工事が完了した。さらに大井ダム（↓P37）では1922（大正11）年に工事が始められた。アメリカ人技師4人を招いて当時最先端の大型機械による施工（型枠工法を含む）が採用され、わずか2年半後の1924年に工事が完了した。

両ダムとも、大河川を締め切っての工事だったため、越流リスクのある締め切り期間を短くするために、工期を短くする必要があった。そのため、石積みではなく機械化された型枠工法が採用され、人力の手間が大きく減った。型枠工法は、広い谷幅において、より効果的に力を発揮した。

ところで、大峯ダムと大井ダムが型枠工法を採用したもう一つの理由に、発電目的だったことがあげられる。発電ダムは、運用が早いほど収入が早く見込め、経済性が高まる。さらに、両ダムとも民間企業による建設だったため、工事費が高くとも、工期の早さで補うべく高価な工法を柔軟に選択できた。

となれば、発電以外の目的のダムが、その後、石積み工法を採用し続けたのもうなずける。つまり、収入の見込みが発電ほど明確でなかったので、工事費の高い型枠工法は選択しがたかったと推察される。河内ダムを建設したのは、官営八幡製鐵所であり、民間企業ほど柔軟な工法選定ができたわけではない。そのため、当時、東洋一と技術革新を競い合った4ダムのなかで、最も早く工事に着手しながら、竣工は最も遅くなってしまった。しかし、工期は早ければよいというものではなく、じっくり造り上げることで歴史に残る造形美が実現された。

河内ダムは、国内の石積み堰堤のなかで、本庄（ほんじょう）ダム（目録12）と並んで最も華やかな石積み美をもつといわれている。そのきめ細かい石の積み方は、日本の美そのものであり、海外に国内ダムを紹介するならば、いちばんに推したいダムだといえる。

河内ダム：直下流側面から見ると、手の込んだ石積みがよくわかる。　写真：安河内孝

用語解説……ダムサイト●ダムが造られる場所。ダム用地。

石積み堰堤の設計者たち

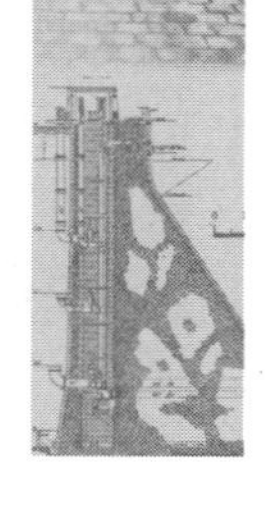

欧米において石積み堰堤の建設が本格化した1880年代の十数年後には、日本でも同様のダムが造られるようになり、その後、全国へと普及していった。

この節では、水道の礎を築いた二人のイギリス人を紹介し、続けて、ダム建設を学問面で支えた中島鋭治（なかじまえいじ）について記す。そのうえで、国内における近代ダムの曙期に、石積み堰堤建設を主導した吉村長策（よしむらちょうさく）と佐野藤次郎（さのとうじろう）の二人について見ていきたい。

❶ヘンリー・S・パーマー（Henry Spencer Palmer：1838〜93年）

ヘンリー・パーマーは、横浜市の水道と港湾の基礎を築いた横浜の恩人である。1883（明治16）年に初来日し、神奈川県から横浜上水道建設計画の依頼を受け、実地測量から計画まで完成させて二つの案を提出。水道工事すべてをまかされ、1887（明治20）年、横浜市に日本初の近代水道「横浜水道」を完成させた。

パーマーの活動は横浜に限られたわけではない。彼は1886（明治19）年に大阪市、1887年に神戸市において水道調査をおこない、各計画書を提出した。その後、大阪市は1890（明治23）年に、後述のバルトンに依頼して水道計画を修正し、翌年に工事に着手した。また神戸市は、

1892（明治25）年に、門司(もじ)での調査の帰途に立ち寄ったバルトンに依頼して、水道計画を大幅に修正した。このとき、大阪に続く相談なしの修正がパーマーの怒りを買い、神戸市長がパーマーに陳謝するまでに至っている。パーマーは厳格で階位も高かったため、両市の当時の関係者は、若くて気さくなバルトンに計画修正を依頼してしまったのだと想像される。

〈経歴〉

イギリスのバースに生まれ、王立陸軍士官学校を経て、工兵隊として広東(カントン)、香港(ホンコン)などの植民地で水道施設の設計、施工監督にあたった。日本へは1883年にイギリス陸軍中佐として初来日し、国内最初となった横浜市上水道の計画調査をおこない、横浜上水道が完成する1887年の完成まで指導した。途中、少将に昇進し、翌年の定年退役後は内務省土木局の名誉顧問技師（勅任官(ちょくじんかん)であり局長級）に任じられた。その後も日本に滞在し、横浜港の指導監督などをおこなったが、1893（明治26）年に54歳で急死した。日本人女性と結婚しており、娘もいた。

❷ウィリアム・K・バルトン（William Kinninmond Burton：1856～99年）

日本初のコンクリートダム構造である神戸市水道用の布引(ぬのびき)ダム（目録1）は、内務省衛生局の御(お)

横浜の野毛山(のげやま)公園にあるパーマーの胸像。〔K〕

雇工師（お雇い外国人技師）であったイギリス人ウィリアム・バルトンによって1892（明治25）年に計画案（アースダム：内面石張、外面芝張、堤高19・5メートル、貯水容量31万立方メートル）が作成された。その後、ダム建設の責任者である吉村長策（工事長、↓P46）と設計担当の佐野藤次郎（主任技師、↓P52）によって、より大規模な現在のダム構造に変更され、1897（明治30）年に着工された。

バルトンは国内上水道の創生期に各都市で調査をおこない、その近代化に大いに尽くしたが、若くして亡くなったため、惜しまれること多々である。彼が実際にダム設計に携わっていなくても、その水道計画書によって建設が位置づけられたダムは多い。また、水道工学やダム工学の技術書を通じて、当時の欧米最先端のダム技術を若い学生や技術者たちに伝えたことにも功績がある。バルトンについては、水道関係のほか近年多くの書籍が出されている。

〈経歴〉

スコットランドの名家出身であり、高校卒業後にエディンバラで水道技師見習い、ロンドンの衛生保護協会を経て水道技術を身につけた。1887（明治20）年5月に日本政府内務省衛生局の御雇工師としてイギリスから来日し、主要都市の上下水道の計画にあたった。同時に帝国大学工科大学で衛生工学の講座を担当し（特別講師）、後述の佐野藤次郎ほか多くの専門技術者を育成した。

ウィリアム・バルトン。

写真：松江市

その後1896（明治29）年5月に辞任し、同年に当時内務省衛生局長だった後藤新平*の推薦を受けて台湾に渡り、台湾での上水道整備に関する調査計画にあたったが、台北市の水源地調査中に風土病にかかり、1899（明治32）年8月に43歳で没した。

バルトンは写真家としても有名で、作家のコナン・ドイルとも交流があるなど、多彩な活動をおこなった。家族には、1894（明治27）年に結婚した日本人の妻と、別の女性との間に生まれた娘がいた。

❸ 中島鋭治（なかじまえいじ：1858〜1925年、工学博士）

中島鋭治は、東京大学の教授として25年間勤め、生涯、東京をはじめとして国内21都市の上下水道施設の建設に関わり、「日本の近代上水道の父」または「近代衛生工学の父」などと呼ばれた。

『日本水道史』（中島工学博士記念事業会編纂、1927年発刊）は、石積み堰堤を含む水道の発展史を語る貴重な資料である。この文献に、博士は体躯雄偉（たくましく、優れている）、儀容清秀（礼儀にかなない、清く秀でている）、眼光炯々（眼つきが鋭く、かがやいている）であり、寡言沈黙（口数が少なく、落ち着きがある）の人であったと記されている。

ダムについては、朝鮮（現・韓国）の聖知谷ダム（目録6）を建設する際（1906〜09年）、顧問技師として嘱託を受けたのが最初。このときに設計施工を総指揮する総括技師として

中島鋭治。　写真：尾道市

用語解説……後藤新平●政治家。医師として出発し、内務官僚や南満州鉄道総裁、東京市長などを務めた。（1857〜1929年）

佐野藤次郎がおり、二人の交流が始まっている。その後、藤倉（ふじくら）ダム（目録7）、千本（せんぼん）ダム（目録14）、小ヶ倉（こがくら）ダム（目録33）などの技術指導を顧問として主導的におこない、「用・強・美」*のダム建設に寄与している。中島は、水理学（水の流れに関する力学を研究する学問）の専門家でもあり、長く鋭角な越流部、大きめの減勢池（げんせいち）*などに水理学上の工夫と美へのこだわりが見られる。八幡製鐵所上水道建設の顧問でもあり、石積み美を極めた河内（かわち）ダム（目録38）の建設にも関係した。

〈経歴〉

1858（安政5）年11月に宮城県仙台市で生まれた。1883（明治16）年、東京大学理学部土木工学科を首席で卒業し、同学部の助教授になった。1887（明治20）年から3年間留学してアメリカ・オランダ・フランス・ドイツに滞在し、欧州各国の衛生施設調査をおこなった。

1891（明治24）年に内務省技師補に任じられ、東京市に水道技師として派遣され、東京市の水道基本計画修正に従事。東京市の水道整備は、1898（明治31）年に多摩川から淀橋浄水場を経由して市内へと配水する設備が完成した。

1896（明治29）年に帝国大学の上水道に関する講座の教授に就任し、翌年には内務省技師を兼任し東京市嘱託技師となった。1911（明治44）年から東京市水道改良工事、同水道拡張工事

『日本水道史』表紙：1927（昭和2）年8月刊行。明治・大正期の水道事業の詳細を体系的に掲載。

中島鋭治の関わったダム

藤倉ダム、1911 年竣工。　写真：清水篤

聖知谷ダム、1909 年竣工。　写真：川崎盛通

河内ダム、1927 年竣工。〔K〕

千本ダム、1918 年竣工。〔K〕

小ヶ倉ダム、1926 年竣工。　写真：安河内孝

用語解説……**用・強・美**●古代ローマの建築家ウィトルウィウスが、建築に必要な概念として提唱したもの。「用」＝機能や用途、「強」＝構造の強度や耐久性、「美」＝形の表現や美しさ、を表す。

減勢池●ダムから流下する水のエネルギーを弱めるために、ダムの直下流に設けられた施設。「減勢工」ともいう。

が始まるとともにそれを指導。同時に、日本全国の都市の水道計画・設計も指導した。1921（大正10）年に教授職を辞し、1924（大正13）年には土木学会*の第12代会長に選任された。

❹吉村長策（よしむらちょうさく：1860〜1928年、工学博士）

吉村長策は、ダム建設の創設期を築いた人であり、「日本の近代ダムの父」といえる大きな存在である。石積み堰堤については、布引ダム（目録1）や本河内低部ダム（目録3）など、多くの風格に満ちた石積みダムの建設を主導した。海軍生活が長かったため堅い人物と見られがちだが、進取精神に富んだ独創的な人であった。幼少期から英語になじみ、技術書を原書で読みこなすなど英語力は相当に高かったが、船酔いの理由で洋行はしていない。最初に手がけた本河内低部ダムと西山ダム（目録4）は日露戦争前で装飾は控えられたが、実質的に指導した本庄ダム（目録12）では思い切り装飾にこだわりを見せている。戦後、海軍が解散したため、これらの貴重な資料が散逸気味であるが、ダム近代化への功績は比類なく大きい。

〈経歴〉

1860（万延元）年、現在の大阪府柏原市国分の庄屋・西尾家の次男として生まれ、8歳で吉村家を継いだ。11歳のときに堺に出てイギリス人教師につき英学を修め、14歳で文部省管轄の官立大阪英語学校に入学。その後、1879（明治12）年に工部大学校（現在の東京大学）に入り、1885（明治18）年、工部大学校卒業とともに同大学校の助教授となった。

1年後の1886（明治19）年、水道工事を始めようとしていた長崎県に希望出向し、1889（明治22）年から日本最初の水道ダムである本河内高部ダム（長崎市、アースダム）の設計・施工を担当した。長崎と佐世保の仕事が一段落した後、1891（明治24）年、大阪に移り、翌年から大阪市水道敷設副工事長として大阪市上水道初期工事の実務にあたった。

大阪の工事終了後の1895（明治28）年11月に陸軍所属となり、広島の軍港用水道（↓P19）に従事。翌年には陸軍所属のまま、神戸市の水道工事長としての嘱託を受け、国内初のコンクリートダムである布引ダムの建設を進めた。また、1897（明治30）年には岡山市水道整備の調査・設計の嘱託を受け、翌年には海軍の嘱託を受けて舞鶴の水道に関する調査・設計をおこなった。

1899（明治32）年には、海軍佐世保鎮守府の建築科長に転じて、家族永住の地となる佐世保における軍港用水道整備に従事することとなった。布引ダムの建設については、神戸市の顧問技師の嘱託を受けてなおも従事したが、実際の指揮を取る工事長は佐野藤次郎（↓P52）が引き継いだ。一方、海軍技師として、桂貯水池堰堤（目録2）の建設も進め、1900（明治33）年9月に竣工させた。また、長崎市に戻り、本河内低部ダム（目録3）と西山ダム（目録4）を工事長として竣工させた。立ケ畑ダム（目録5）では

吉村長策。　写真：神戸市

用語解説……土木学会●土木工学に関する日本の学術団体。略称は「JSCE」。

竣工まで顧問技師を務めた。この時期の吉村は、水道に関する調査・設計と5つのダム施工の嘱託を受け、実に多くの職務を兼務している。

その後は、佐世保市の軍港用水道用のアースダムとして山の田ダムの建設を指揮した。また、1906（明治39）年1月には曲渕ダム（目録24）建設のための現地調査をおこない、基本的な設計をおこなっている。そのほか、門司市、小倉市の水道の顧問嘱託を受けて調査をおこなうとともに、呉市の水道予定地を調査している。また、水道ばかりでなく港湾構造物の築造も手がけ、その一つである立神係船池（佐世保市）の建造は海軍最大規模であった。

1911（明治44）年には東京の海軍本省勤務となり、12年間住んだ佐世保を離れた。その後も長野市などの顧問嘱託を受けて各地で指導にあたった。1916（大正5）年には広島の呉市に本庄ダム（目録12）を竣工させ、1920（大正9）年には海軍建築本部長に任じられ、海軍中将となった。1923（大正12）年、62歳で海軍を退官。1926（大正15）年には土木学会の第14代会長に選任された。1928（昭和3）年11月に永眠し、遺骨は家族の住む佐世保市にある自ら建てた墓に葬られた。

取水塔の形をした吉村長策のコンクリート製の墓（在佐世保市）。〔K〕

吉村長策の関わったダム

西山ダム、1904年竣工。〔K〕

布引ダム、1900年竣工。〔K〕

本庄ダム、1916年竣工。〔K〕

桂貯水池堰堤、1900年竣工。　写真：夜雀

曲渕ダム、1923年竣工。〔K〕

本河内低部ダム、1903年竣工。〔K〕

ダム雑学③

長策先生、金策に走る

神戸市の資料を見ると、水源地整備費として計上されている布引ダム（目録1）の本体工事費は、当初19万5650円（内訳：材料費13万4629円＋工費6万1021円、セメント費が工事費の半分を占めた）であった。しかし、手がけて1年後に予算不足に陥り、工事長の吉村長策は、神戸市長と内務本省までたびたび事業費の追加を陳情しにいったとある。ちなみに、精算後の工事費は、当初の25パーセントほど増えている。

工事費増大のおもな原因は、日清戦争（1894～95年）後の急激な物価高騰だ。明治政府は国家予算の2倍もの日清戦争賠償金を得て、社会基盤整備にもかなりの資本投資をおこなったため、国内のセメントなどの資材不足や労働者不足に陥った。物価高騰はこの後沈静化し、セメント価格も工場生産が追いつき半値くらいに落ち着くが、日清戦争後は、ある意味、経済バブルの状態にあった。

工事費増額のための金策はというと、長崎や舞鶴での水道整備で海軍とも太いパイプのあった吉村が、当時の内務大臣（1898～1900年）だった西郷従道（元帥・海軍大将）へ懸命に働きかけた。そのこともあって大幅な工事費増額が認められ、予算不足の一大危機を乗り越えた。

吉村自身は、予算を獲得した大仕事後の1899（明治32）年、海軍に請われて佐世保鎮守府に赴任した。これは西郷従道の親友である当時海軍大臣（1898～1906年）の山本権兵衛から海軍への強い招聘依頼があったからだといわれている。吉村と明治政府首脳との強い信頼関係がうかがえる。

布引ダムの建設については、長策は引き続き技術顧問として関わったが、工事長を引き継いだ佐野藤次郎（→P52）の指揮によって順調に進められ、

1900（明治33）年に竣工した。その直後、吉村と佐野は、1901（明治34）年からの立ヶ畑ダム（目録5）の建設においても技術顧問と工事長のコンビを組み、ダムは1905（明治38）年に竣工した。このとき、日露戦争（1904〜05年）の最中であったが、順調に工程が進められた裏には、吉村の金策パイプの太さがあったといえる。

吉村は1911（明治44）年に海軍本省勤務となるが、本省の立場でダム建設に大きく関わるのは、本庄ダム（目録12）と立ヶ畑ダムの嵩上げ（→P19）である。

海軍・呉鎮守府による本庄ダムは、1910（明治43）年、吉村自らの現地調査によって計画がなされ、施工時（1914年10月〜16年8月）には佐世保時代の部下を呉に派遣するなど、工事を全面的に支援した。本庄ダムは国威発揚的な華美な装飾で知られる。

神戸市の立ヶ畑ダムも1915（大正4）年の嵩上げ時には、ヨーロッパ風の美しい装飾が施されている。この時代、堤体の装飾に対する批判は多くあったが、吉村は、政府との太い信頼関係によって、本庄ダムや立ヶ畑ダムの嵩上げにおける装飾への予算獲得にも大いに貢献したと考えられる。

立ヶ畑ダムの嵩上げ部（コンクリートの帯の上部）。〔K〕

壮年期の吉村長策。写真：長崎市

⑤佐野藤次郎（さのとうじろう：1869〜1929年、工学博士）

佐野藤次郎は、ダムの「用・強・美」（→P45）を追求し、神戸を中心としつつも全国的に活躍したダム設計家である。ダムファンの間で圧倒的人気だが、その理由として、①定職にこだわらずダム技術を追求したダンディな生き方（エンジニアコスモポリタン）②神戸市3ダム（布引ダム→目録1、立ケ畑ダム→目録5、千苅ダム→目録18）や豊稔池ダム（目録44）などに見られる卓越した美的感覚③構造設計や新技術導入に見られる技術力の高さ④海外も含めた広い視野⑤神戸市発展への功績（神戸の恩人）⑥専門家としてのコンサルタント業のパイオニア、などがあげられる。

佐野は、石積みの外観をこよなく愛し、技術指導を含めて石積み堰堤の傑作を多く残したが、アーチ作用の研究も進めた。国内初の本格的なアーチ重力式コンクリートダム（→P312）である久山田ダム（目

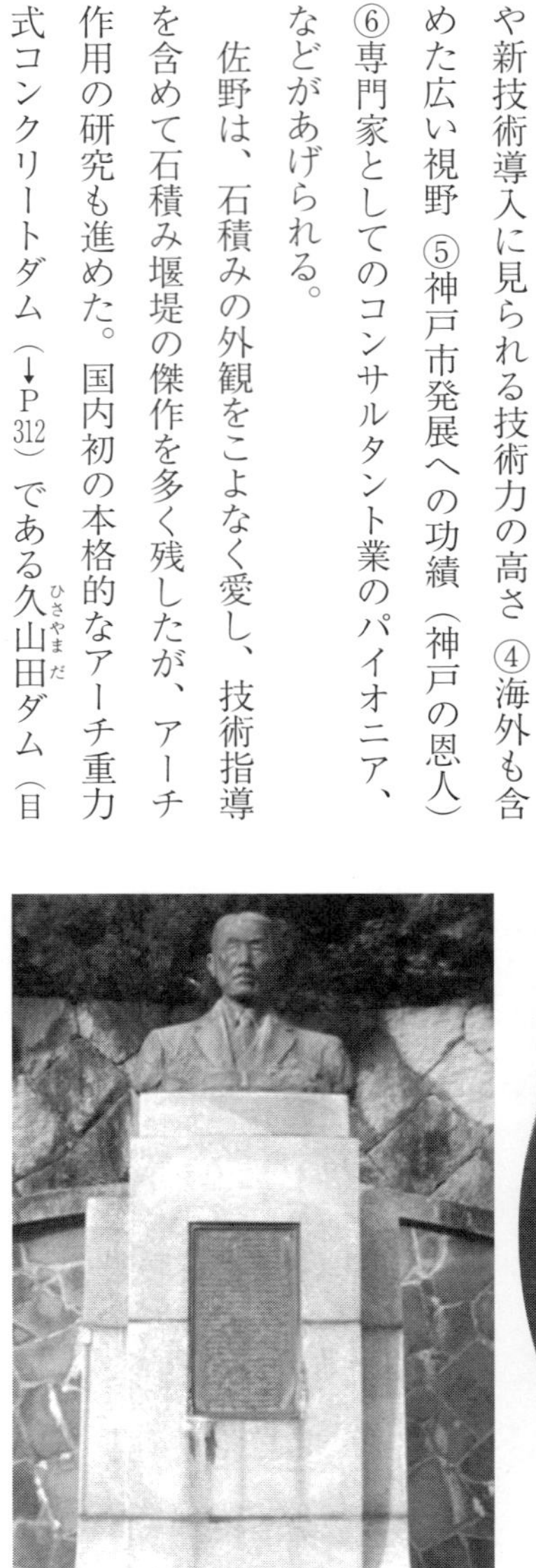

藤次郎の胸像と碑文。〔K〕

佐野藤次郎。　写真：尾道市

録29）がその代表例である。最晩年に設計をおこなった豊稔池ダムは、石積みとアーチ作用の集大成であるといえる。1929（昭和4）年の佐野の死とともに、時代は石積み堰堤からコンクリートダムへと急速に切り替わっていく。

〈経歴〉

1869（明治2）年、名古屋市西区深井町で生まれた。帝国大学でバルトン（→P41）の下に学び、1891（明治24）年7月に同大学を卒業。同年11月に大阪市役所に移り、翌年から大阪市水道敷設副工事長として大阪市上水道初期工事の実務にあたった。このときの上司が吉村長策（→P46）で、佐野は鋼管の品質確認のためにイギリスのグラスゴーに長期出張した（このときにイギリスのダムで見聞きしたことが佐野のダム技術のベースとなる）。

1896（明治29）年、吉村に誘われ、神戸市の技師（設計主任）に転じて、布引ダムの建設にあ

豊稔池ダムの珍しい雪景色。〔K〕

たった。1897（明治30）年に副工事長、1899（明治32）年、吉村の辞職後は工事長を引き継いだ。1900（明治33）年、布引ダムの竣工後に、技術研鑽のためインド、ヨーロッパでの海外ダム視察旅行をおこない、続けて立ヶ畑ダムでは設計・工事の中心となった。

1905（明治38）年7月から6年間、神戸市の嘱託となり、そのうち1906（明治39）年から4年間は朝鮮（現・韓国）で水道工事に従事し、中島鋭治（→P43）とともに聖知谷ダム（目録6）の建設を指揮した。

1911（明治44）年には技師長として再び神戸市に迎えられ、水道拡張工事や千苅ダムの設計・工事などを指揮した。1915（大正4）年2月には工学博士の学位を受けた。

1920（大正9）年には病気のため神戸市を辞したが、大同電力による国内最初の堤高50メートル超のダムである大井ダム（→P37）の設計に技術顧問として参加し、アメリカの最新技術を種々取り入れた。同時期に、久山田ダムなど各地のダムづくりで活躍する元部下たちへの技術支援をおこなった。

1925（大正14）年には、神戸市水道の第2期拡張工事（千苅ダムの嵩上げ［工期1929～31年］など）の技術顧問となった。同時に、国内最初の土木コンサルタント会社（日本水道衛生工事社）を創設して、5連アーチの豊稔池ダムなどの設計をおこなった。佐野は1929（昭和4）年11月、東京出張時に亡くなるが、神戸では「神戸の恩人、死す」として号外が出され、多くの市民に悼まれた。

佐野藤次郎の関わったダム

美歎ダム、1922年竣工。　写真：夜雀

布引ダム、1900年竣工。〔K〕

久山田ダム、1924年竣工。〔K〕

立ヶ畑ダム、1905年竣工。〔K〕

豊稔池ダム、1930年竣工。〔K〕

千苅ダム、1919年竣工。〔K〕

ダム雑学④

二大先人による協働の賜、聖知谷ダム

明治になって、朝鮮（現・韓国）の釜山が開港されると、釜山の人口が増え、飲料水の確保が大きな問題になってきた。朝鮮で最初となる水道ダムは高遠見水源地（聖知谷ダムと同様に建設当時の読み、アースダム、堤高10・5メートル、1902年竣工）であるが、需要の増加に追いつかず、1906（明治39）年に釜山居留民団は大韓帝国と共同経営で水源地となるダムを聖知谷に造ることにした。

聖知谷ダム（目録6）の工事費は釜山居留民団が全額出資し、工事監督と1909（明治42）年の竣工後の管理は大韓帝国がおこなう契約で施工された。（出典：釜山居留民団『釜山上水道小誌』、1914年発行）

聖知谷ダムは、釜山の中心市街地に近い丘陵公園内にあり、今でも堂々とした堤体はそのままである。天端中央には、関係技術者の名が記された英語

聖知谷ダムの天端中央にある英語石板：「顧問：中島鋭治、技師長：佐野藤次郎、設計主任：浅見忠次（佐野の神戸でのダム建設時の部下）」と記されている。〔K〕

の石板が設置されており、当ダムが技術顧問・中島鋭治（→P43）、技師長・佐野藤次郎（→P52）の二人の英知を軸に造られたことがわかる。朝鮮政府は二人の業績を高く評価し、その後、二人は、顧問と技師長のコンビで朝鮮政府から委嘱されて、京城（キョンソン）（現・ソウル）、平壌（ピョンヤン）、仁川（インチョン）など朝鮮の多くの都市の上水道整備を指揮した。上水道の整備は国民の生活基盤の整備の最たるものであり、この二人の朝鮮の近代化への貢献は、とてつもなく大きいといえる。

聖知谷ダムの下流面（上下写真とも）：堤高 28.8 m、天端からの下流面曲線や石積みの重厚さは、布引（ぬのびき）ダムに似ている。

写真（上下）：川崎盛通

用語解説……大韓帝国●1897年10月、朝鮮は国号を「大韓帝国」と改称。1910年、日本による併合で、大韓帝国から日本の一地域である「朝鮮」に名称を変えられた。

ダム雑学⑤

久山田ダムの工事写真集から大発見

ここに1枚の写真がある。広島県尾道市水道局に大事に保管されている久山田ダム（目録29）の資料の一つだ。1923（大正12）年8月のダム工事現場への佐野藤次郎（当ダムの技術顧問→P52）と市会議員（水道委員）の視察において、水野広之進（当ダムの総括技師）ら関係者一同が収まっている。

写真には、佐野と並んで一同の中心に座る人物がいる。かなりの人物だろうと調べてみると、口元の形から「近代上水道の父」とも呼ばれる中島鋭治（→P43）であることがわかった。久山田ダムの水理施設は中島独特の越流頂の尖った設計と共通することから、関わりが深いと感じていたが、現存する資料には全く記述がなかった。それが、この写真によって、中島が設計に関与していたことが確認できたのである。

もう一つの発見は、欧米系の外国人が4人写っていることだ。うち2人は和装である。当時、佐野は木曽川で進行中の大井ダム（→P37）建設の技術トップである顧問を務めていた。大井ダム右岸にある記念碑にはアメリカから来た4人のエンジニアの胸像レリーフがはめられ、彼らの先進的ダム施工への功績が讃えられている。多分に、大井ダムの関係で、

久山田ダム基礎掘削中の写真（1923年8月16日）：水野広之進、佐野藤次郎、中島鋭治ほか、アメリカから来日した欧米系のダムエンジニア4名（⇨）など、関係者が一堂に会している。

欧米系の4人が佐野の視察に同行したものと推察される。日本人関係者のなかに混ざり、和気あいあいとした全体の雰囲気からは、佐野の気さくな人柄が想像できる。

ちなみに、水野広之進は当時のダム構造設計の第一人者で、神戸市の一連のダム建設において佐野の右腕であった人物である。神戸市水道課長を佐野から引き継いだが、この頃は久山田ダム建設のために尾道市に転じている。水野の構造設計の巧みさは、当時の土木学会誌などに掲載されたいくつかの論文で知ることができる。

以上のように宝物のような写真が見つかったわけだが、それらは、久山田ダムの価値をいっそう高めることとなったのである。

久山田ダムの竣工直後：花崗岩石材の白い堤体がまばゆく湖面に映える（1925年3月）。
写真：尾道市水道写真帳

2 世界の石積み堰堤の歴史

ムシェノダム（チェコ）：多彩かつ精密な石積みダム。〔K〕

石積み堰堤（メーソンリーダム）の歴史は、文明発展の歴史と重なるものである。特に粗石コンクリート*を用いた石積み堰堤は、人類の近代化に重要な役割を果たしたインフラ施設ともいえる。また、現在の土木工学の基本となる学問分野（構造物力学、水理学など）を生み出しており、科学技術の発展に大きな貢献をしている。さらに、石積み堰堤は、現代においても「用・強・美」の格調の高さをもって、ダムを学ぶための格好の教材である。

本章では石積み堰堤の歴史を古代からたどったうえで、19世紀後半の近代石積み堰堤の登場から20世紀中盤の石積み堰堤の終焉までを見ていく。

古代～近世の石積み堰堤

ダムは人類にとって最大規模の構造物であり、その始まりは人類が文明を築いた頃とほぼ時を同じくする。石積み堰堤は、古代エジプトの時代まで遡ることができるが、洪水による流失などのため、遺跡として残っているものはごく少ない。

現在も使われている石積み堰堤は、ローマ帝国時代に遡ることができる。この時代、建築材料として水硬性*のローマンコンクリート（古代コンクリート）が普及し、これを内部に用いた石積み堰堤が、農業用や水道用として築造された。それらの一部は、イタリアやスペインに現存する。

その後、5世紀から12世紀においては建設されるダム数も少なく、技術的な進歩もあまりない時代が続いた。しかし、13世紀に入り、イランにおいて石灰岩で積み、石の間を固めた堤高の高いアーチ重力式の石積み堰堤が造られ、

用語解説……**粗石コンクリート**●粗石（大きな石）を埋め込んだコンクリート（→P72）。
水硬性●水との化学反応で硬化が進む性質。

メギド遺跡（イスラエル）：世界最古の地下水路の出口。壁面石材の間は水硬性のモルタルやコンクリートで固結されている。〔K〕

14世紀に入るとスペインで重力式の石積み堰堤が造られるようになった。16～18世紀にはアーチダムに関する堤体設計理論が著されるようになり、円筒アーチ*やアーチ式の石積み堰堤が造られるようになった。

❶古代における石積み堰堤の建設

63ページの写真は数千年前（紀元前7000～4000年）の、世界で最も古い遺跡の一つであるイスラエルの遺跡だ。水硬性のモルタルやコンクリートで固めた擁壁（ようへき）*、都市用水の貯水施設、最古の地下水路施設など古代のコンクリート構造物の跡が発掘されている。石材の間詰め（まづめ）（部材と部材の間に詰める）や裏込め（部材の裏側に詰め込む）用として使われた材料を観察すると、現在のコンクリートに近いことがわかる。

石積み堰堤の遺跡として現在も残っている最古のダムは、イエメンのマーリブダム（Marib：堤高推定15メートル）である。最初の建設は紀元前18世紀といわれ、紀元前8世紀に現遺跡のものとなった。以後改修が加えられ、決壊する紀元575年まで1000年以上にもわたって維持され、この地域の繁栄を支えた。

ローマ帝国時代になるとダム堤体は、より堅牢で壊れにくくなり、今も遺跡としてイベリア半島、アフリカ北部、ギリシャなどで見ることができる。この時代に建設された重力式ダムとしては、スペインのプロセルピナダム（Proserpina：重力式バットレス／農業・水道用／堤高18メートル、2世紀竣工）や、ネロ皇帝が関係し、当時最大堤高を誇ったイタリアのスビアチョダム（Subiaco：堤高40メートル、１３０５年に事故で崩壊）が知られている。

これらローマ時代の堤体内部は、セメント材に砂と砂利を混ぜた水硬性のローマンコンクリート（→P63）によって埋められた。このセメント材は、石灰岩を焼いて造った消石灰に火山灰（ポッツォラーナと呼ばれイタリアでは普通に見られる土の一種）を混入して製造された。ローマンコン

マーリブ遺跡修復前の南門（イエメン）：堤高 15m の南門と北門が残存。
写真：土木学会付属土木図書館　伊藤清忠景観デザイン・フォトライブラリー

プロセルピナダム（スペイン）：ローマの植民都市（現在のメリダ）への水道補給ダム。外側は石積みで、内部には頑健なローマンコンクリートを使用。上流面と下流面は擁壁で支えられ、下流側は盛土されている。現在も農業用として現役。写真上は上流面のようす。下は内部構造の見学用に排土された天端。〔K〕

用語解説……円筒アーチ●ダムを上から見たときに、円筒（円）の形をしていること。
擁壁●山地を削ったり盛土をしたりして造られる人工的な斜面（法面）を抑える、壁状の構造物。

クリートは長年かけて強度が強くなる特性をもち、桟橋などの海中に使われた場合、現在でも強度を保っていることが確認されている。

石積み堰堤の建設は、5世紀末の西ローマ帝国滅亡以降、14世紀頃まで停滞し、その間、ローマンコンクリートに勝るコンクリートは生まれなかった。

❷中世から近世における石積み堰堤の建設

14世紀頃から、現在に残る重力式やアーチ形状のダムが造られるようになった。

モンゴル帝国時代(1206~1634年)のイランにおいて、石灰岩の石積みによる堤高の高いアーチ形状の石積み堰堤として、ケバールダム(Kebar:アーチ重力式/農業・水道用/堤高26メートル/堤頂長54メートル/1280年竣工)とクリットダム(Kurit:アーチ式/農業・水道用/堤高60メートル/堤頂長26メートル/1350年頃竣工、1850年に4メートル嵩上げ)の2つのダムが農業用水または治水用として建設された。クリットダムは極端に狭い谷形状であるため、例外的に扱われることが多いが、19世紀末までの550年間、世界で最も堤高の高かったダムである。

雨の少ないスペインでは灌漑用・水道用のダムが多く造られた。現在も使用されているものとして、アルマンサダム(Almansa:アーチ重力式/農業・水道用/現堤高25メートル/1384年竣工、1586年嵩上げ)、重力式としては19世紀半ばまで堤高世界第1位を保ったチビダム

（Tibi、別名Alacanti（アリカンテ）：重力式／農業・水道用／現堤高41メートル／上流面半径１０７メートル／１５９６年竣工、１６９７年に洪水損傷し１７３８年に復旧）などがある。これらはアーチ重力式ダムの原型である。

また、構造的に現在に近い先駆け的なアーチ式ダムとして、スペインのエルチェダム（Elche：アーチ重力式／農業・水道用／堤高21メートル／１６４０年竣工）がある。そのほか、軍事目的であるが、フランスのライン川近くのヴォーバンダム（Vauban：重力式／堤高15メートル／１６９０年竣工）は、建設当時のままの形を変えずに存続する貴重な石積み堰堤である。

アルマンサダム（スペイン）の下流面：堤高 25m の欧州最古の現役アーチダム。石積みの円筒アーチを積んだ階段状の旧堤体（⇨部分）と、その上の鉛直高上げ部（↔部分、1586 年に 10.4m 高上げ）が特徴的。右岸に洪水吐きを持つ。〔K〕

チビダム（スペイン）：堤高 41m は 1596 年竣工時から 19 世紀半ばまで世界最大級であった。上流面半径 107m のアーチ形状だが、堤体は堤敷幅 33. 7m、天端幅 20.5m と非常に厚く、頑健な構造である。〔K〕

この時代のダム堤体は、火山性の材料に石灰粉と水と砂を混ぜた石膏系モルタルを、*巨石や割石（わりいし）（→P120）の間に入れて固着させることによって造られた（下の写真・左上参照）。これらは現在のコンクリートと比べると強度に劣っているといわれるが、ヨーロッパ中世に建てられた石積み建造物の目地（継目）などを観察すると、完全に固化したモルタル（茶褐色系が多い）が石にしっかりと接着していることがわかる。この時代、ヨーロッパの多くの地域では、近傍の火山灰の地層から材料を採取して、ローマンコンクリートに近いモルタルを造る技術を有しており、それがダムを含む大型建造物の建設に活かされていた。

ヴォーバンダム（フランス）：人工洪水による都市防衛が目的。ルイ14世下の天才築城家ヴォーバン元帥（げんすい）の指揮で築造された水攻め城砦（じょうさい）。城のように見えるがメーソンリー重力式ダムで、防衛時にはゲートを下げて貯水位を上げる。外枠石材間と堤体内部は水硬性材料によって固化されている。〔K〕

設計の理論化による大型化

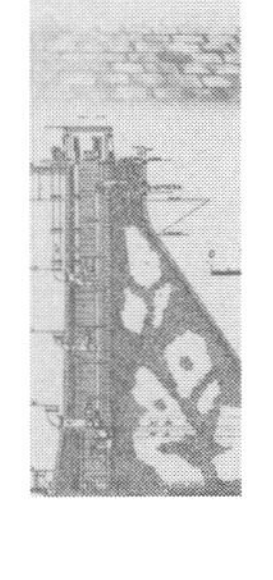

19世紀前半のヨーロッパは動乱が続き、建設されるダムの規模も数も低いレベルにあった。しかし、材料については、１８５０年頃には現在に近い強度のセメントが工場生産されるようになり、この材料革命により、構造物の規模を格段に大きくすることが可能となった。同時期には、鉄道などの動力機関の発達、ダイナマイトの発明（１８６７年特許）、土木建設機器の機械化などによって施工法が大きく発展し、工事の規模も拡大した。

このような産業革命後の工業発展、都市人口の急増、水力タービンの発明などを受けて水需要は大きく伸び、より堤高の高いダムの建設が必要とされるようになり、19世紀半ばには現在の重力式ダム建設の基本となる設計理論が築かれた。そうした状況を背景に、19世紀中盤にハイダム化が進み、堤高50メートルを超す石積み堰堤が建設されるようになった。

❶アーチ構造の理論化による石積み堰堤の建設（19世紀前半）

19世紀には、石積み堰堤におけるアーチ構造の理論化が進んだ。アーチ構造の理論化がほかの型式よりも先行したのは、その型式がアーチ部材への圧縮力で堤体を保たせる構造なので、理論化がより容易だったからだ。さらに、良質の石材を材料に厳選するため、高価な石材の使用量を減らす

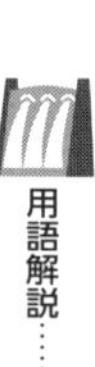

用語解説……モルタル●コンクリートとモルタルはともにセメントを原料として造られる。モルタルはセメントに水と砂を混ぜたもの、コンクリートは砂だけでなく砂利も加えたもので、モルタルより強度が高くなる。

ためにも設計理論を必要とした。

アーチ構造の理論化をもとに設計し、アーチ重力式ダムを画期的にハイダム化したのが、1854年に竣工したフランスのゾラダム（Zola：アーチ重力式／洪水調整・水道用／堤高36・5メートル）である。設計及び資金繰りはフランソワ・ゾラ（François Zola：1795～1847年、文豪エミール・ゾラの父）によるものであり、ダム名は竣工を待たずに亡くなった設計者の遺徳に因んでいる。

❷ 重力式ダムの理論化による石積み堰堤の建設（19世紀後半）

重力式ダムの設計については、19世紀中盤に、フランス人エンジニアのオーギュスタン・ド・サジリ（Augustin De Sazilly：1812～52年）などが自重（堤体自身の重さ）、水圧（貯留水の水平に押す力）、揚圧力（堤敷にかかる上向きの水圧→P99）を荷重条件の堤体設計に順次取り込んだことで、理論化が大きく進展した。この理論はフランスのフーレンダム（Furens：重力式／洪水調整・水道用／堤高53メートル／堤頂長99メートル／1866年竣工）に活かされた。当ダムは、欧米では19世紀末まで堤高世界最大のダムと位置づけられ、その後の重力式ダムの進展に大きな影響を与えた。

アーチ式のゾラダム、重力式のフーレンダムともに水道目的のダムで、常時の貯水位（→P160）を下げて水圧の負荷を少なくしつつも、洪水調整機能を増強して、現在も現役で運用されている。

ゾラダム（フランス）：1854 年竣工時は世界最大。円筒公式を用いて設計されたアーチ重力式の先駆。

写真：Dominique Vançon

フーレンダム（フランス）：1866 年の竣工後も長く重力式ダム設計の規範とされた。左が下流面、右が上流面。

写真：フランス大ダム会議

石積み堰堤の黄金期（1870～1920年代）

ダム建設においては、1870年代にポルトランドセメント（セメントの種類の一つで、最も代表的なもの）の大量供給が可能となったことを受けて、堤体内部材料の施工のために大きな石（粗石）を置き、セメント使用の生コンクリートをその周りに流し込む粗石コンクリート工法が発達した。同時に堤体側は、石材をセメント使用のモルタルで強固に一体化した石積みとなった。これらによって欧米においては、外側に石積み、堤体内部に粗石コンクリート工法を用いた近代石積み堰堤（メーソンリーダムまたはメーソンリーコンクリートダムと呼ばれる）が造られるようになった。日本でも欧米に追いつくべく、急速な工業化と近代都市形成のなかで、19世紀末から同様のタイプのダム建設が始まった。

近代石積み堰堤は、20世紀に入ってさらに大型化するとともに世界に普及し、近代における都市発展や産業振興に重要な役割を果たした。

❶近代石積み堰堤の登場

19世紀後半に重力式ダムは外側が石積み、内部が粗石コンクリートという合理的な構造となった。コンクリートを用いた近代石積み堰堤の始まりは、1870年に竣工したアメリカ・ニューヨーク州のボイド・コーナーダム（Boyds Corner：水道用／堤高24メートル、1993年に洪水吐き改造）である。1872年にはスイスのマイグラウゲダム（Maigrauge：発電用／堤高21メートル、1910年に2・5メートル嵩上げ、2003年に洪水吐き・ゲート改造）が竣工した。1873年にはオーストラリアのロワ・ストニー・クリークダム（Lower Stony Creek：アーチ重力式／水道用／堤高24メートル／堤頂長198メートル）が竣工した。当ダムは、イギリス人エンジニアのウィリアム・ランキン（William J. M. Rankine 1820～72年、グラスゴー大学教授、熱力学でも有名）が提唱したミドルサードの理論*に沿って設計された最初のダムでもある。

その後、粗石コンクリート工法は、40メート

用語解説……**ミドルサードの理論**●ダムは、水圧や地震などさまざまな力に対して、堤体が十分耐えられるように設計される。重力式ダムの場合、堤体の横断面の形状において、ダムの最高水位を頂点にもつ三角形を考え、自重を含めた荷重の合力が、断面底部の中央3分の1の範囲内に作用するように、下流面の勾配を計算するという理論。

ボイド・コーナーダム（アメリカ）：世界初の重力式コンクリートダム。1993年に堤体に洪水吐きが設置されたが、石積み外観はアンカー補強で保存された。取水塔の入口には竣工年1870年の文字が輝いている(丸で囲んだ部分)。〔K〕

マイグラウゲダム（スイス）：1872年竣工。堤体（⇨部分）は1910年に約3m嵩上げされ、2003年に洪水吐きが改造された。 写真：スイス大ダム会議

ルを超える既往最大級の堤高のダムに適用される。その最初は、1888年竣工のイギリスのヴィルンウィーダム（Vyrnwy：重力式／水道用／堤高44メートル）と、同じく1888年竣工のアメリカのクリスタル・スプリングスダム（Crystal Springs：重力式／水道用／堤高44・5メートル）である。前者は、世界で最初に堤体に洪水吐き（↓P111）を載せたダムであるとともに、重厚な石積みでほとんど原型のまま当初の機能（リバプール市への上水供給）を発揮している。後者は、横継目（↓P139）のブロック間のかみ合わせや、コンクリートの湿潤養生*など、より進んだ技術を採用。サンアンドレアス断層*にごく近いが、1906年と1989年の大地震に耐えたことから構造の確かさを実証した。ただし、近年の大規模改修によって下流面の石積みが見えなくなっている。

ヴィルンウィーダム（イギリス）：1888年竣工の最初の本格的コンクリートダムで、堤体に洪水吐きを載せた最初のダム。巨大石積み堰堤であり、建設時の姿で現在も機能している。〔K〕

❷ 近代石積み堰堤の全盛期

20世紀第1四半期には、運搬や混合に関する機械の大型化によって人力主体から機械化が進み、強度が高く密度の濃いコンクリートの開発、横継目の設置や揚圧力対策などの設計技術の進歩と相まって、より大規模な石積み堰堤が数多く建設されるようになった。

特に、大型ミキサーで粗骨材（粒径の大きい砂や砂利）ごと混合するマスコンクリート工法が登場したことで、アメリカを中心にダムの大型化がさらに進んだ。

(1) アメリカにおける近代石積み堰堤の建設

a．重力式ダム

アメリカ東部では、ニューヨーク市など急速に膨（ふく）れ上がる大都市人口を背景に、ダムの大規模化は都市水道補給用が先行した。ニューヨーク市の水道用として、1900年に竣工、その後漏水対策で1906年に止水補修完了したニュークロトンダム

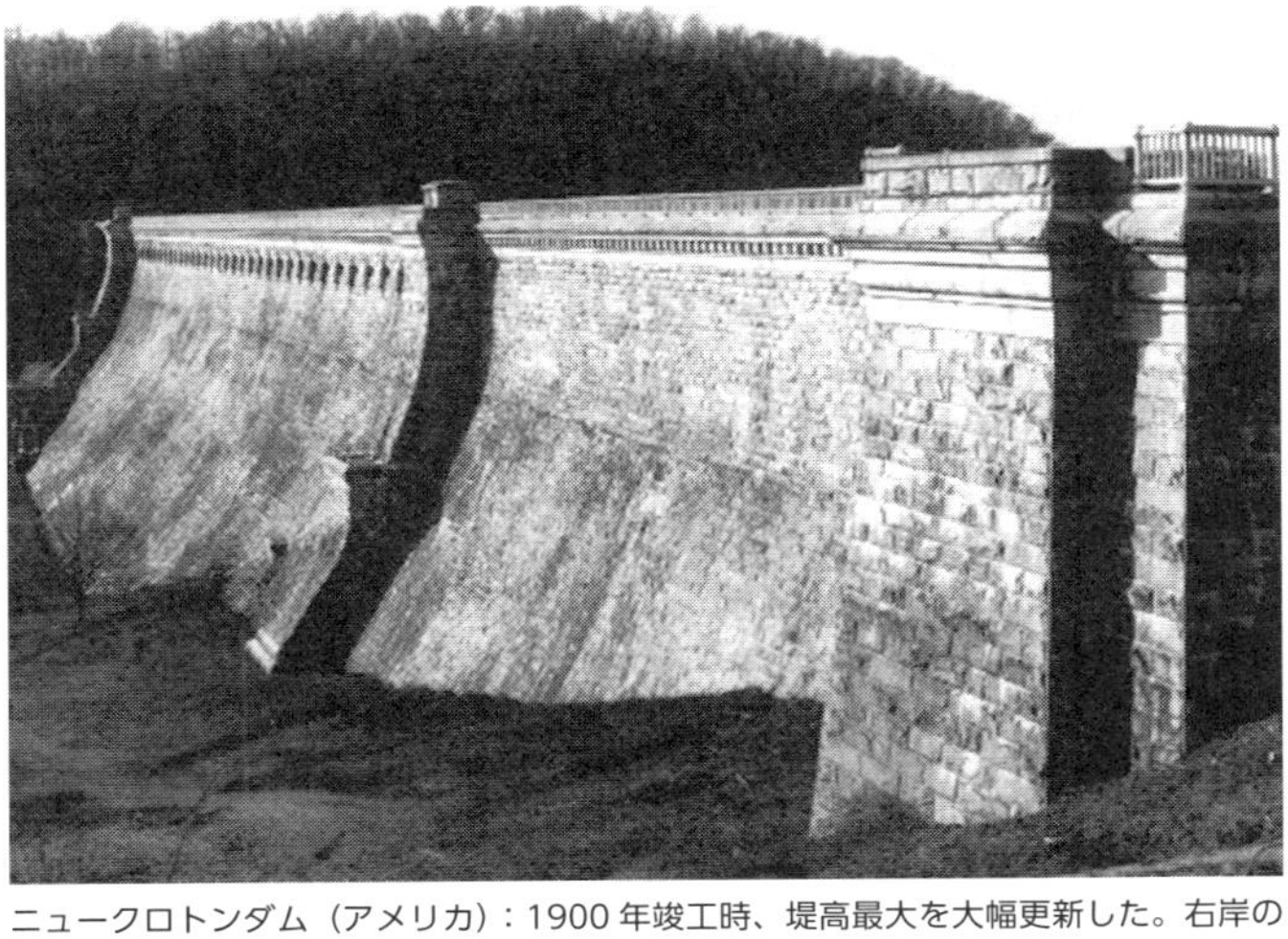

ニュークロトンダム（アメリカ）：1900年竣工時、堤高最大を大幅更新した。右岸の洪水吐きは自然地形を利用した特殊な形状で知られる。

写真：DC Jackson/Damhistory.com

用語解説……湿潤養生●コンクリートが硬化するまで散水などで湿らせること。

サンアンドレアス断層●カリフォルニア州南部から西部にかけて約1300メートルにわたって続く巨大な断層。周辺地域は地震の多発地帯となっている。

(New Croton：重力式／水道用／堤高91メートル）は、十分厚い断面（堤敷長81メートル）とし、止水のためのカットオフを*ダムの軸（↓P83）の方向に2列設置して1900年にいったん竣工したが、機能上の問題から追加工事が6年続いた。ボストン市水道用のワシュセッツダム（Wachusett：重力式／水道用／堤高62・5メートル／1905年竣工）は、揚圧力を設計に加味して断面を定めた最初のダムだが、排水孔はなかった。その後、ニューヨーク市水道用として1917年にケンシコダム（Kensico：重力式／水道用／堤高94メートル）が竣工した。当ダムは当時重力式として世界最大で、今でもアメリカで最も美しいダムともいわれている。

b. アーチ重力式ダム

アメリカ西部では、大型のアーチ重力式ダムの設計技術の開発が進んだ。弾性理論による数理解析を用いた最初の大規模ダムは、チーズマンダム（Cheesman：アーチ重力式／水道用／堤高67メートル／1905年竣工）だ。竣工時に世界最大の堤高であった。その解析手法を引き継いで開発された荷重分割法を用いて、パスフィンダーダム（Pathfinder：アーチ重力式／洪水調節・農業・発電・レクリエーション用／堤高65メートル／1909年竣工）とバッファロー・ビルダム（Buffalo Bill：アーチ重力式／洪水調節・農業・発電・レクリエーション用／竣工時世界1位の堤高99メートル／1910年竣工）、セオドア・ルーズベルトダム（Theodore Roosevelt：アーチ重力式／洪水調節・農業・水道用／堤高84メートル／1911年竣工、1989年に109メートルに嵩上げ）などが設計・建設された。

用語解説……カットオフ●止水のため、ダム軸沿いに岩盤を浅く切り下げて止水に供した細長い壁状の堤体底部。

ケンシコダム（アメリカ）：1917 年竣工当時、世界最大であった。美しい石積みを誇る。

写真　ニューヨーク市水道局

セオドア・ルーズベルトダム（アメリカ）：写真は 1911 年竣工時のもの。堤高 81m は当時の石積みダム最大であったが、1989 年に 109m に嵩上げ（→ P19）され、石積み外観はなくなった。

写真：DC Jackson/Damhistory.com

(2)ヨーロッパにおける近代石積み堰堤の建設

ヨーロッパでは20世紀に入って以降、多くの国で堤高50メートル以下の重力式の石積み堰堤が造られるようになった。1910年代以降は、堤高50メートル以上のハイダム化も進んだ。なかでもドイツのオットー・インツェ博士（Otto Intze：1843～1904年、↓P82）の実績は顕著で、死後も含めて彼の理論で設計された石積み堰堤は中欧で50基以上に及ぶ。

イギリスではこの時代に、産業革命の中心に近いウェールズ地方を中心に石積み堰堤が多く建設された。特にエランバレー地区では、バーミンガム市の水道用として、1897年から1904年にクレイグゴッホダム（Craig Goch：堤高約40メートル）以下4基の石積み堰堤（いずれも堤高40メートル程度）が建設された。その間、労働者とその家族の数千人がエラン村に住んだという一大事業だった。

フランスでは発電用が多く、1917年竣工当時で

クレイグゴッホダム（イギリス）：エランバレーダム群の最上流にある。ビクトリア調の美で有名。〔K〕

世界最大級のメスダム（Mesce：重力式／発電用／堤高77メートル／1917年竣工）、アルトゥスートゥダム（Artouste：重力式／発電用／堤高31メートル／1929年竣工）などがある。

ドイツは1910～30年に50メートル以下のアーチ形状の重力式石積み堰堤を多く建設した(約20基)。西側には水道・工業・発電用、東側には治水・農業・発電用が多い。代表的なダムに、1914年竣工のエデルダム（Eder：重力式／洪水調節・発電用／堤高44メートル）があり、1944年の第二次世界大戦時に爆撃を受けて一部崩壊したことで有名である。最大堤高は現・ポーランドにある1912年竣工のピルホヴィツェダム（Pilchowice：重力式／発電用／堤高69メートル）である。古いダムの補強が着実に進められており、クリンゲンベルクダム（Klingenberg：重力式／洪水調節・水道・発電用／堤高33・0メートル／1914年竣工、改修2005～13年）、ムルデ

ムルデンベルクダム（ドイツ）：堤頂長が国内最長。2007年完了の大改修で全面補修・補強された。〔K〕

ンベルクダム（Muldenberg：重力式／洪水調節・水道用・不特定／堤高25・0メートル／1925年竣工、改修2002〜07年）などがある。

チェコには石積み堰堤が多い（合計17基）。治水ダムが多いのが特徴的で、ハルツォフダム（Harcov：重力式／洪水調節用・不特定／堤高19・0メートル／1904年竣工）、パジツォフダム（Pařížov：堤高31メートル／1913年竣工）などに代表される。19世紀の末に大洪水の被害が連続してあったことから、流域の治水計画にダム建設が位置づけられたことがその背景にある。

スイスは、1924年竣工のシュレーダム（Schräh：重力式／発電用／堤高111・6メートル）によって、当時の堤高世界最大を更新した（石積み堰堤としては現在も最大）。当ダムは、内部にマスコンクリートを採用し、発熱量を減らすべく単位セメント量を1立方メートルあたり189キログラムに減らした。

(3)アジア、アフリカにおける近代石積み堰堤

インドでは、イギリスの技術指導でこの時代にいくつかの重力式の石積み堰堤が建設された。南部のカーヴィリ川流域にあるクリシュナ・ラジャ・サーガルダム（Krishna Raja Sagar：重力式／農業・発電用／堤高39・8メートル／1938年竣工）、メトゥルダム（Mettur：重力式／農業・発電用／堤高37・0メートル／1934年竣工）などが知られている。

エジプトでは、アスワンダム（Aswan：重力式／洪水調節・農業用／堤高30メートル／1902

年竣工、1912年と1933年に嵩上げ、アスワン・ハイダム建設後に水没）がナイル川の本川を締め切って建設された。

なお、日本以外にアジア・アフリカで近代的な石積み堰堤が存在するのは、イギリスなど列強の統治下にあった国である。日本では、この時期に自力で石積み堰堤を多く建設した。これは、欧米以外の国では、稀有なことである。

パジツォフダム（チェコ）：築後100年を迎えた治水ダム。3方式の洪水吐き（→P111）をもつ。〔K〕

シュレーダム（スイス）：温度対策と計測では当時最先端の技術を採用した。天端（てんば）はコンクリート。　写真：スイス大ダム会議

ダム雑学⑥

中欧の石積み堰堤を多く生み出したインツェ博士

ドイツ、チェコ、ポーランドなどの中欧には、重力式の石積み堰堤がたくさんある。現地にあるそれらの碑には、オットー・インツェ（Otto Intze、1843～1904年）の功績が刻まれていることが多い。日本ではほとんど知られていないが、石積み堰堤の理論を確立し、それらの多くの計画や建設を指導したことで、ヨーロッパでは非常に有名な人物である。

インツェ博士は、ドイツの土木技術者で、アーヘン工科大学の水力工学、材料・施工の教授として務めた（1895～98年は学長）。ドイツ皇帝の治水要請と都市用水需要増の下に、多くのダム計画を策定するとともに、生涯で30基近くのダム建設に携わった。死後もインツェ理論（Intze principle）がドイツ及び中欧のダム理論の中心となり、この理論によって設計されたダムは50数基に及ぶ。

インツェ理論とは、フランスなどのダム災害の反省から生まれた、堤体の安全性を重視した石積み堰堤の設計施工理論だ。インツェ理論によるダム構造上の特徴は、

①堤敷（ていじき）は常に堅岩表層の下まで掘り込む。
②石積み材は、硬い岩からていねいに切り出す。
③モルタルの組成には特に注意し、石灰、砂とトラス（アイフェル地方の火山性凝灰岩（ぎょうかいがん）で水和反応を起こす）の粉末の混合物を使用。
④ダム軸*はアーチ状に湾曲させる。結果、温度と水圧変動による長さ変化によって、当時頻発していたクラック（ひび割れ）をなくす。
⑤貯水側の上流面を厚さ2・5センチメートルのセメント石膏でおおい、さらに水がもれないように多重コーティングで被覆（ひふく）する。
⑥石積みに浸透した水は、粘土排水管で集めて排

水させる。

⑦揚圧力（→P99）対策として堤体直上流に盛土し、厚さ1・5メートルの粘土の層を敷く（インツェウェッジと呼ばれる）。

インツェ博士は、今も機能する美しい石積み堰堤によって、現在でも中欧で敬愛されている。しかし、インツェ理論によるダムの多くで、竣工数十年後にかなりの漏水（ろうすい）が生じた。新しいDIN（ドイツ工業規格）による1980年頃の総合調査では、ほぼすべての堤体においてかなりの揚圧力がかかっていることが明らかになった。即ち、インツェ博士のウェッジ（右記⑦）の粘土止水効果が薄れ、基礎岩盤内に博士の時代には見られなかった過大な間隙（かんげき）水圧が生じていた。これらは古いダム全般の弱点である。現在、「上流面の被覆、グラウチング（充填（じゅうてん）→P37）、トンネル排水、アンカー」などの抜本的な補修が順次おこなわれている。

ハルツォフダム（チェコ）：1904年に竣工した、リベレツ市を守る治水ダム。堤体上流面の前面傾斜の張り石がインツェウェッジ（⇨部分）。〔K〕

用語解説……**ダム軸**●河川を横断する方向でのダム位置を示す。重力式コンクリートダムの場合、ダムの天端上流端を連ねた線。アーチダムでは、堤頂の中心を連ねた線。

ダム雑学 ⑦

石積み工法から型枠工法への開発競争

20世紀初頭において、ダム建設の大きな課題になったのが「堤体の上流面と下流面での石積みに時間と労力がかかりすぎる」ことだった。このため、工期は石積みの規模によって決まるといってもよかった。それなら石積み工でなく型枠工法（→P11）を採用すればよいのだが、「ダムのような高所で型枠工法を採用するとなると、足場設置に多大な費用と時間がかかる」などの理由によって、ダムへの型枠工法の適用は難しかった。

しかし、1910年代のクレーンの発達によって、ダム型枠の運搬・設置・移動が容易となり、ダムにおける型枠工法が可能となった。

その最初の工事が1914年竣工のアメリカ・アラスカ州にあるサーモン・クリークダム（Salmon Creek：アーチ式／発電用／堤高51.2メートル）であった。当ダムは、外側用の石積みを木材板にかえ、堤体すべてをコンクリートで打設する（流し込む→P86）ことによって、堤体の断面が薄い世界初の薄肉（うすにく）アーチ（→P95）の堤体施工を実現した。

設計をおこなったのは、孤高の天才技師ジョルジェンセン（Lars Jorgensen：生没年不詳）だ。彼はその後、パコイマダム（Pacoima：アーチ式／ロサンゼルス市水道／堤高113.5メートル／1929年竣工）を設計し、完成させた。サーモン・クリークダムは薄肉アーチダムを世界で初めて実現したことでも有名だ。

これに対して、当時ハイダム化とアーチダム設計で世界のダム技術のリーダーであり、アメリカ西部を地盤とする米国内務省開拓局は、1915年にアロウロックダム（Arrowrock：アーチ重力式／洪水調節・農業・発電・レクリエーション用／堤高107メートル／1915年竣工／堤高当時世界最大）を、さらに1年後にはエレファント・バッテダム（Elephant Butte：重力式／農業・水道用／堤高93メートル／1916年竣工／堤高当時世界第2位）を造り上げた。

両ダムとも外側に型枠が用いられたものの、個人設計家の後塵を拝した格好になった。アーチを得意としていた米国内務省開拓局にとって、薄肉アーチで先を越されたのとダブルの後塵である。

しかし、施工の早さと耐久性は反比例しやすい。現在のサーモン・クリークダムは凍害が進み、表面の劣化や剝落ちが全体に進んでしまい、美しさとは正反対の状況にある。厳寒の地にあるぶん、今にしてみれば、よりていねいな施工が必要であったといえる。

サーモン・クリークダム（アメリカ）：世界で初めて型枠工法を採用。木製型枠使用。機械化が進み、中央にクレーンが建てられてシュート（→ P89）からコンクリートが打設された。

写真：米国大ダム会議

アロウロックダム（アメリカ）：型枠工法採用。当時世界最大の堤高を誇る。技術上、数々の金字塔となるダム。

写真：米国大ダム会議

石積み堰堤の転換期（1930〜1950年代）

１９２０年代以降は機械類の大型化が急速に進み、粗石を使わずに、大玉の粗骨材（粒の大きい砂利など）ごとミキサーで練り混ぜたマスコンクリートをクレーンなどの運搬機器で打設する（流し込む）工法が普及した。同時に、クレーンなどで型枠の解体・組立を繰り返す、現在と同様の型枠工法が広がった。さらに、セメント価格が低廉化したため、粗石や石積みでセメントを減らす経済的メリットは少なくなり、石工不足から石積みの工費も高くなった。そういった事情で、１９３０年以降は、外側石積みと粗石コンクリート工法は次第に使われなくなり、外側型枠によるマスコンクリート使用が一般的となった。つまり、石積み外観のダムは少数派となった。

しかし、一部のダムにおいては、外側石積みによる粗石コンクリート工法が採用され続けた。現地の河原に大きな石が多い、現地が石採取場に近い、型枠の設置用のクレーンを現地にもち込めないなどの場合では、石積みのほうが型枠工法よりも経済的だというのがその理由だ。このような場合の石積みは、打設面に粗石を置き、小型ミキサーで練ったコンクリートを粗石の間に打設しながら堤高を上げていく。

もちろん、石積み堰堤を採用する理由として、外観上の美しさから地元に好まれたということもある。その場合、少々高くついても、石工による石積みが選択された。

日本の場合も、70基の石積み堰堤のうち、25基が1930（昭和5）年以降の竣工であることからもわかるように（13ページ及び本書巻末の石積み堰堤目録参照）、石積み堰堤の建設は戦後まで続いた。最後の石積み堰堤である栗原ダム（目録67）と成相池ダム（目録68）は、1950（昭和25）年の竣工である。ただし、いずれも堤高40メートル未満の小規模ダムだ。

戦後の石積み堰堤建設上の最大の問題は、石工の確保であった。工業化とともに石工は激減し、戦後、複雑な石積みの必要な堰堤の建設は一段と難しくなっていた。そうした困難を乗り越えて、世界最後の石積み堰堤として、イギリスのクライルエンダム（Claerwen：バーミン

クライルエンダム（イギリス）：1952年竣工の実質上世界最後の石積み堰堤。非常に凝った石工デザインをもつ。〔K〕

ガム市水道局／堤高56メートル／堤頂長355メートル）が建設され、1952年に竣工した。石積み工法の採用は戦前の既決定に基づくが、理由は「エランバレー地区にあるほかのダムと同様に石積み堰堤とすること」に遡る。ただし、当時はイギリスに石工が残っておらず、イタリアから呼び寄せた。結果として、ビクトリア調にルネッサンス調が混じった、複雑な石模様の独創的な石積み堰堤が竣工した。

ところで、粗石コンクリート工法は、今日でも山奥の河川で砂防ダムを建設する場合などにおいて、現地の粗石を使う工法として生きている。

例外的であるが、1967年に竣工したインドのナーガールジュナ・サーガルダム（Nagarjuna Sagar：重力式／農業・発電用／堤高124・0メートル／1967年竣工）は、世界最大のメーソンリーダム（石積み堰堤）として当地の観光案内書に記されている。技術資料によると、当ダムは、粗石コンクリートを全面的に用いたダムである。しかし、外部材への石積み工法が部分的に使われたにせよ、全体外観の写真では石積みが見当たらない。調査の必要があるが、今のところ当ダムは外観石積みのダムとはいいがたい。

材料と工法の発展

コンクリートによるダム施工は年々改良され、アメリカを中心に大型運搬機械、大型ミキサー、型枠工法の導入が進んだ。海外では1910年代、粗石を使わないマスコンクリート工法と型枠工法を組み合わせた施工法が開発された。これに伴い、石積み外観ではないコンクリートダムの建設が増えた。型枠工法は、1920年代になると大量生産化によるセメント価格の下落と機械化施工の進行から経済性が増して、世界において急速に普及した。

当時は「同じ容積ではコンクリートのほうが石積みよりも高額であった」ことから型枠工法の経済性は劣ったが、面倒な石積みがなくなったぶん、施工は格段に早くなり、早期供用を重視する発電ダムなどで、その利点は大きかった。

コンクリートの施工方法の変化は、次のようになる。

①1900年代に粗石コンクリート工法においてタワー*及びシュート*を使った打込み方法が使われるようになったが、まだ人力主体であった。当時は、粗石の間を埋めるためにコンクリートに流動性が必要であり、玉石（たまいし）（直径20センチメートル前後の丸い自然石）が10パーセント程度混入する軟練りコンクリートが主流であった。

用語解説……**タワー**●コンクリートを垂直に運搬するためのタワー。
シュート●コンクリートを下ろす際に、運搬容器を打設箇所にもっていくことができない場合に用いる筒状の管、または袋体。（→p133 シュート打設）

②ダムコンクリート混合用の大型ミキサーが開発され、１９１０年代には、より大きな粗骨材を混合できるようになった。これによって粗石を使わないマスコンクリート工法が普及した。
③クレーンなどによって型枠の組立・移動を繰り返しながら堤体コンクリートを立ち上げていく型枠工法（木製が主）が開発され、１９１０年代にハイダム（堤高15メートル以上のダムのこと）に採用されるようになった。これにより、現代と同じコンクリート外観のダムとなった。

3 石積み堰堤の分類

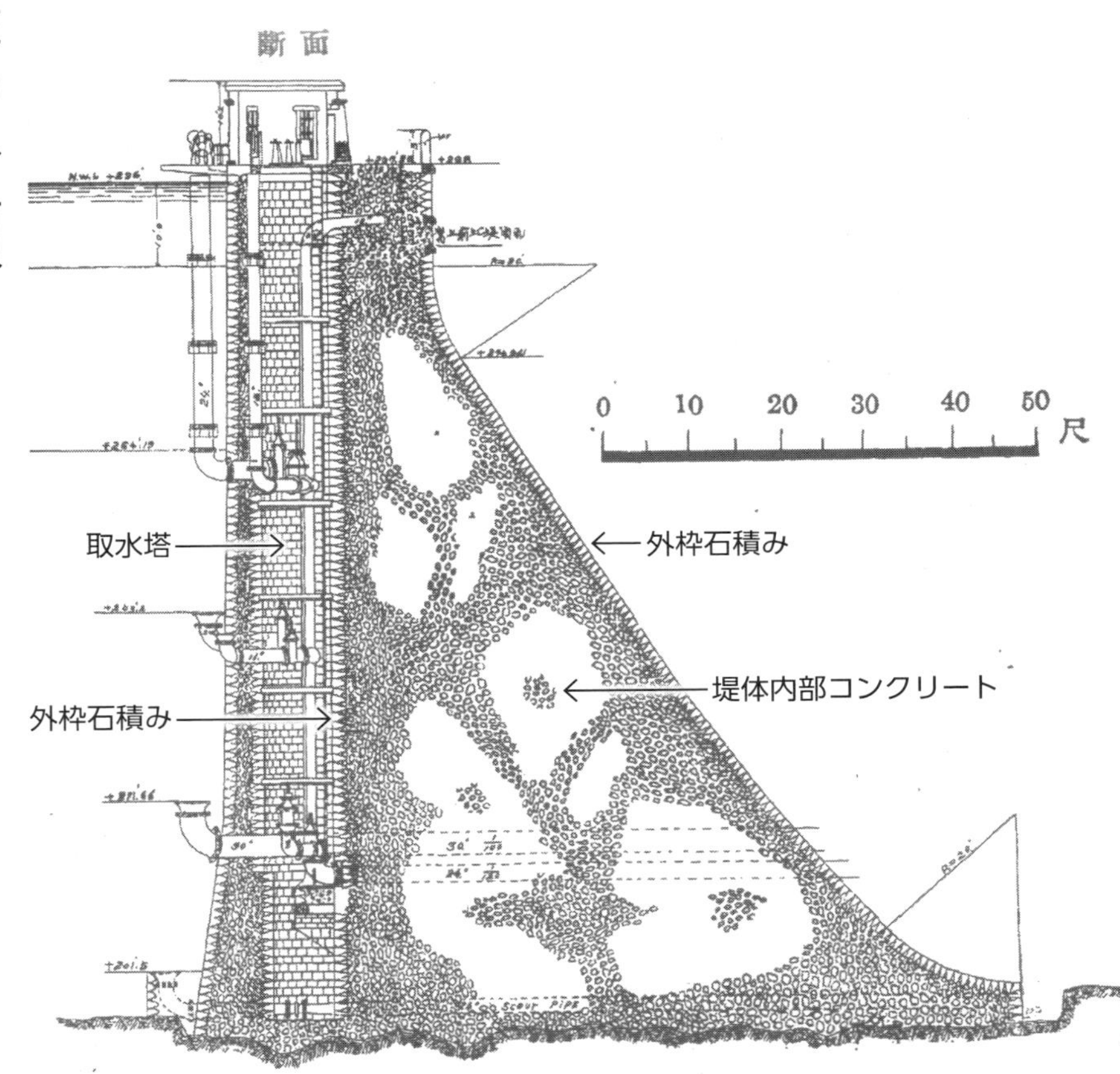

立ヶ畑ダム断面図（1915年2.72m嵩上げ時）：外枠の石積み形状、内部の粗石コンクリート、上流側の取水塔の構造などがよくわかる。 資料：日本水道史

この章では、石積み堰堤の目的、ダムの型式、堤体断面形状の変化、材料について種類分けすることで、ダム全体における石積み堰堤の位置を示していく。

なお、定義については、国際大ダム会議*がホームページで「外観が石材や煉瓦造りのもの」とし、外観に割り切っていて、わかりやすい。外観での分類が難しい面はあるが、本書でも表面が石積みか否かで、石積み堰堤を区分した。

石積み堰堤の定義のためには、施工方法についても触れる必要がある。その標準的な施工法は、自然石（野石、河原石）、加工石（切石、割石）（→P120）、または人工石材（煉瓦、コンクリートブロック）のいずれかの石材を積み上げて外枠とし、外枠内部にコンクリートまたはモルタルを打設する（流し込む）ことで堤体を徐々に立ち上げていくものである。これに対して、次のものは石積み堰堤とは異なるので注意が必要である。

①石貼りだけで石積みがないダム：石貼りとは、石材をできあがった構造物の表面に貼り付けるもので、ダムでは流下土砂による表面浸食防止のために流下面に石材を貼ることがある。これに対して、石積み堰堤では、構造物外観が石積みで形成された後に、その内部がコンクリートやモルタルで埋められる。両者の石材の使用法が全く違うので、石貼りだけのダムは、石積み堰堤に含めない。なお、本書で紹介している石積み堰堤について「石張り」と記しているのは、外観上の表現であり、石貼りや石積みなどの工法とは区別している。

②粗石コンクリートダム：石積み堰堤は、これまで粗石コンクリートダムといわれることが多かった。しかし、粗石コンクリートダムとは、粗石を打設面に先に置いてコンクリート使用量を減ら

す、または粗石を足場として使ってコンクリートを打設し、締め固めるという工法で造られたダムを意味する。従って、堤体外側が石積みでなくても、堤体内側が粗石コンクリートという組み合わせは多く存在する。この場合も石積み堰堤とはいえない。

これら施工法上の区別以外に、石積み堰堤の外見は、ダム必須の重要施設である洪水吐きによってもかなり変わる。後述するが、洪水吐きのタイプは、洪水吐きを堤体外に置く「分離型」と堤体内に置く「付属型」に分類される。

時代の変化で目的も変わる

ダムの目的は、治水、利水（農業用水、上水、工業用水、発電など）とさまざまである。建設された時代に応じてその目的は変化し、地域事情の反映にも違いがある。石積み堰堤（えんてい）の建設された時代を中心に、世界のダム需要の状況を概観すると次のようになる。大きな流れとしては日本も同様である。

・19世紀前半まではダムの建設自体が少なく、目的も都市用でなく農業用が大半を占めた。

用語解説……国際大ダム会議●1928年に設立。伝統と歴史を有する国際会議であり、ダム関係土木構造物（付帯する水力発電所を含む）の設計、施工、保守、運用に関する技術について各種委員会を設置し、調査研究をおこなっている。加盟国は2018年現在160か国。本部はフランスのパリ。日本は1931年に加盟。

・19世紀後半に入り、急速な工業化の進展と都市人口の大幅な増加から、水道用や工業用のダムが多く建設された。疫病（えきびょう）の流行に対して水道整備が急がれたという側面もあった。

・19世紀第3四半期になると、中欧では洪水が続いたため、治水用のダムが建設されるようになった。アメリカやオーストラリアにおいては、開拓地の農業用水のためのダムが建設された。特殊な用途のものとして、鉄道補給水用のダムや、船舶補給水用のダムも建設されるようになった。

・20世紀に入ると、電力の普及から水力発電を目的とするダムが増えた。

水道用ダム（イギリス、アークレットダム上流面）：補修のため、貯水位を下げている。〔K〕

治水用ダム（チェコ、レス・クラーロヴストヴィーダム）：洪水調整が主目的のため、普段の貯水位が低い。〔K〕

ダムの型式と構造の違い

ダムの型式は、コンクリートを主体とするコンクリートダム系と、天然の土砂や岩石を盛り立てて造るフィルダム系に分かれる。近代以降の石積み堰堤は、コンクリートダム系に属する。そのなかで欧米の石積み堰堤の構造は、大半が重力式かアーチ重力式（厚肉（あつにく）アーチ）*である。ほかに、バットレス式やマルチプルアーチ式があるが、ごく少数である（→P312）。

なお、アーチダム（薄肉（うすにく）アーチ）のような上方が張り出したような複雑な曲線形状を石積みで型取ることはできないので、世界的にも薄肉アーチの石積み堰堤はない。

国内における石積み堰堤は、ほとんどが重

用語解説……厚肉アーチ●米国内務省開拓局（→P84）では堤高に対する堤体底部の厚みが0・3以上を厚肉アーチ、0・2以下を薄肉アーチと定義している。この間の数値にあるダムは厚肉薄肉どちらといってもよいが、強いていえば中間厚アーチとなる。

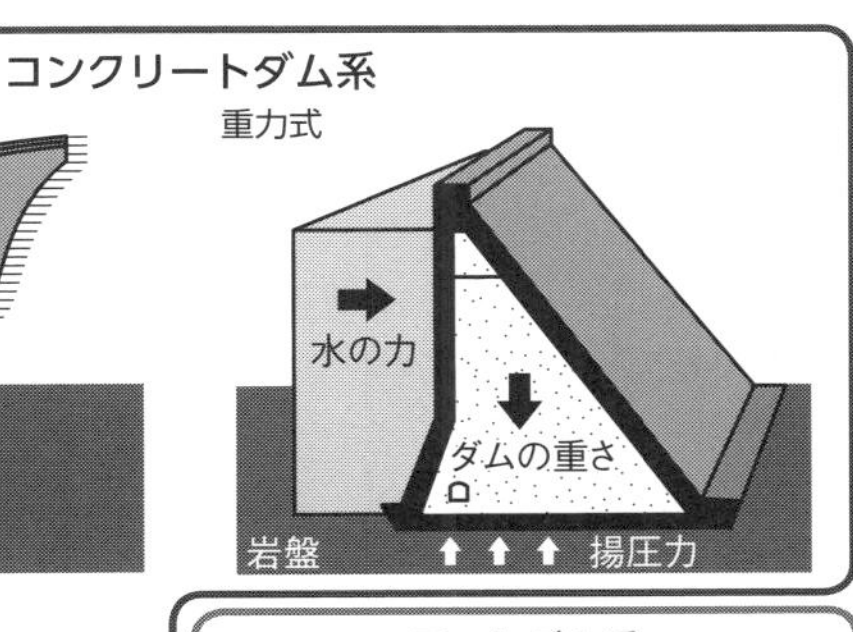

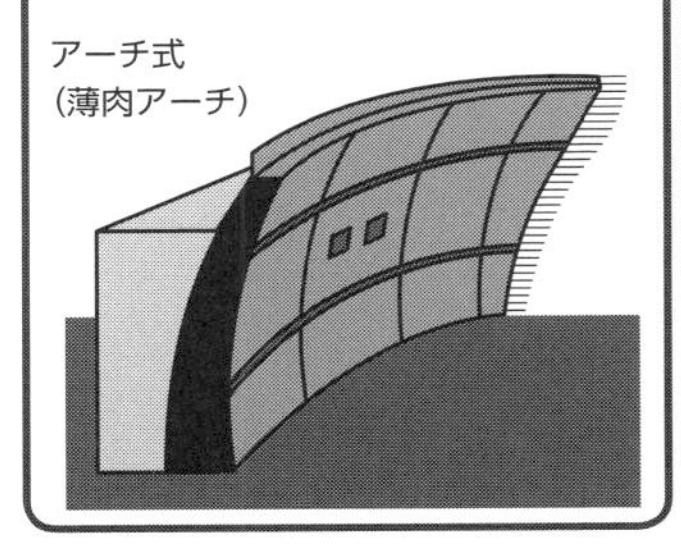

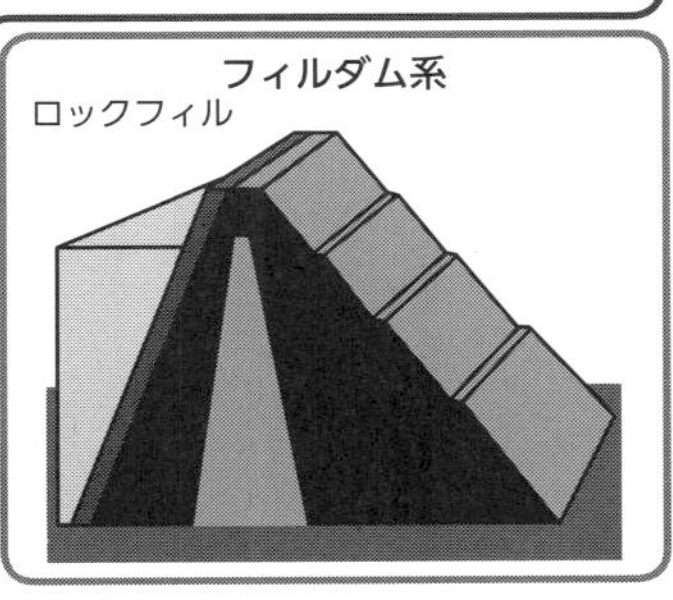

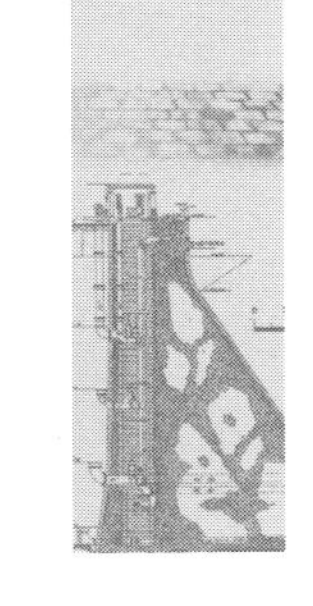

力式である。石積みでアーチ形状をもつダムは多くあるが、アーチ作用*を期待したアーチ重力式の石積み堰堤は少ない。海外では、アメリカのパスフィンダーダム（↓P76）が初めてアーチ解析を用いて設計されたダムとして有名である。

一方、写真左側のフォイトカダムは、谷が広く堤高も低いのでアーチ形状をしているが、アーチ作用に期待していない。82ページのインツェ理論で記したように、湾曲したダム軸（↓P83）は、温度と水圧変動による長さの変化によって発生するひび割れをなくすための手法である。アーチ重力式（厚肉アーチ）は、基本的に上流面が鉛直（水平面に対して垂直であること）で下流面が勾配になっている断面をもつ。堤体断面は重力式に近く、堤体安定もアーチ作用より重力作用*のほうが大きい。

そのほかの型式は、マルチプルアーチの豊稔池ダム（目録44）、及び重力式にバットレスを足した千歳第1取水堰堤（目録・参考1）などと非常に少ない。

アーチ重力式の石積み堰堤の例

フォイトカダム（チェコ、堤高16m、1906年竣工）：曲線をもった重力式石積み堰堤である。〔K〕

パスフィンダーダム（アメリカ、堤高65m、1909年竣工）：左右岸ともに急崖でアーチ式に適している。

写真：アメリカ大ダム会議

堤体の断面形状の進化

石積み堰堤の堤体断面は、設計理論の進展によって変化してきた。1850年代はフランス人エンジニアであるドゥロクル（Émile Delocre：1828～1908年）の「貯水池空虚時安定の考慮」で上流側に厚くなる。1870年代はイギリス人エンジニアであるウィリアム・ランキンの「ミドルサードの理論」（↓P73）で下流側に厚くなる。その後、揚圧力（↓P99）への対応から断面幅がより大きくなることなどによって、重力式ダム堤体の安全度は次第に増してきた。ちなみに、現在の一般的な重力式コンクリートダムは、さらに厚い断面形状となっている。

下に、欧米の代表的な重力式石積み堰堤の

用語解説……**アーチ作用**●アーチしていることで力を分散させ、左右の岩盤に突っ張ることでダムを支え、水圧に抵抗してせきとめる。重力式に比べて堤体を薄くして、コンクリートの量を節約できる。**重力作用**●コンクリートの重さで水圧に抵抗してせき止める。

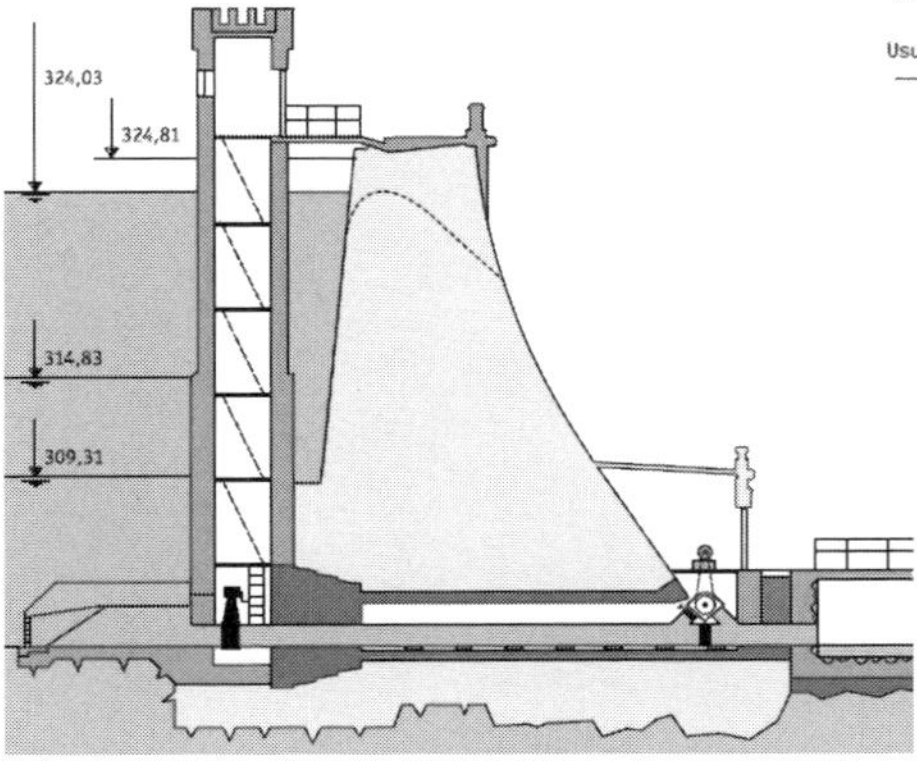

パジツォフダム（チェコ、堤高31m、1913年竣工）
図版：チェコ大ダム会議

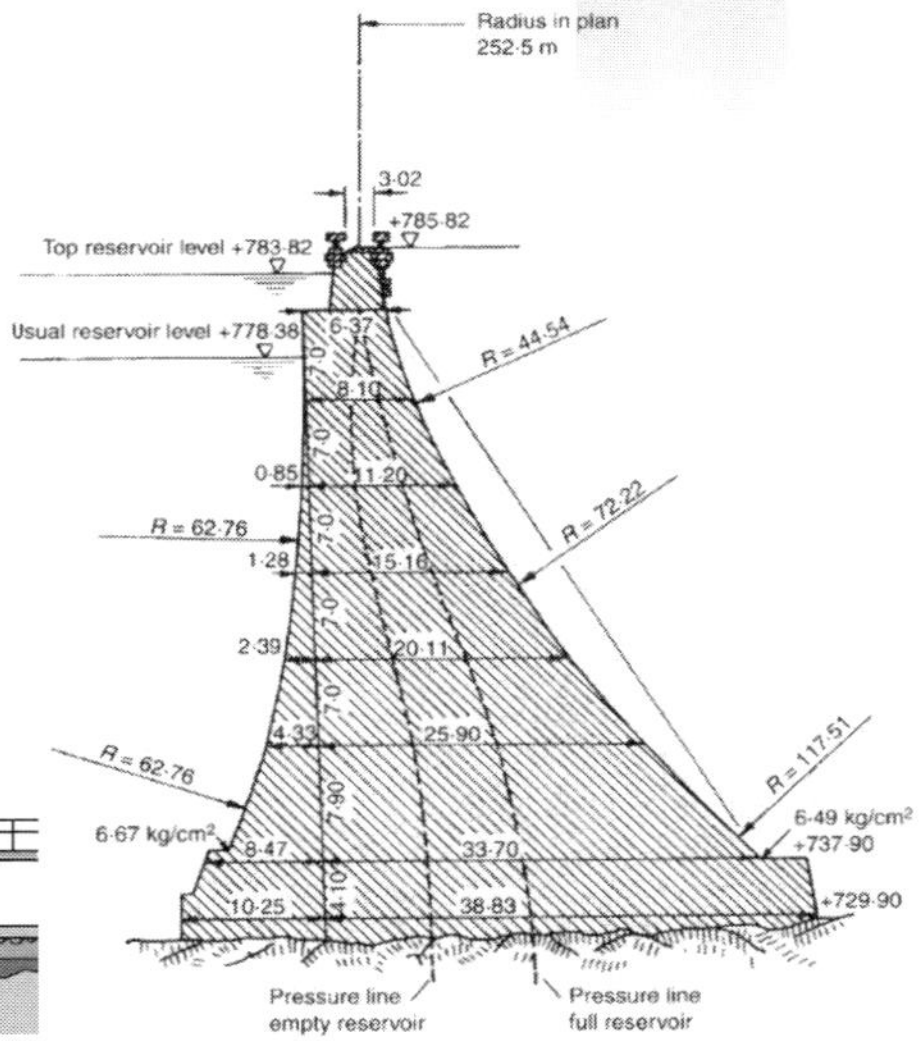

フーレンダム（フランス、堤高53m、1866年竣工）
図版：フランス大ダム会議

横断面を示した。

1850年代後半に設計されたフランスのフーレンダムの断面は、荷重伝達線（図中の点線で示される、荷重がおもに伝わる方向）に沿った優雅な曲線をもち、長い間、重力式ダムの規範とされた。1900年代に設計されたのチェコのパジツォフダムは、フーレンダムの断面の影響を強く受けながらも、揚圧力*への対応から断面幅がより大きくなっている。

1890年頃に設計されたニューヨークのニュークロトンダムは、ミドルサードの理論（↓P73）で下流側に厚くなったが、荷重伝達線に沿って堤頂を立てることで、美しい寺勾配*の形状となっている。同じニューヨークにあるケンシコダムは、1910年頃の設計であり、揚圧力対応の

ケンシコダム（アメリカ、堤高94m、1917年竣工）：排水孔（➡部分）が記されている。

図版：ニューヨーク市

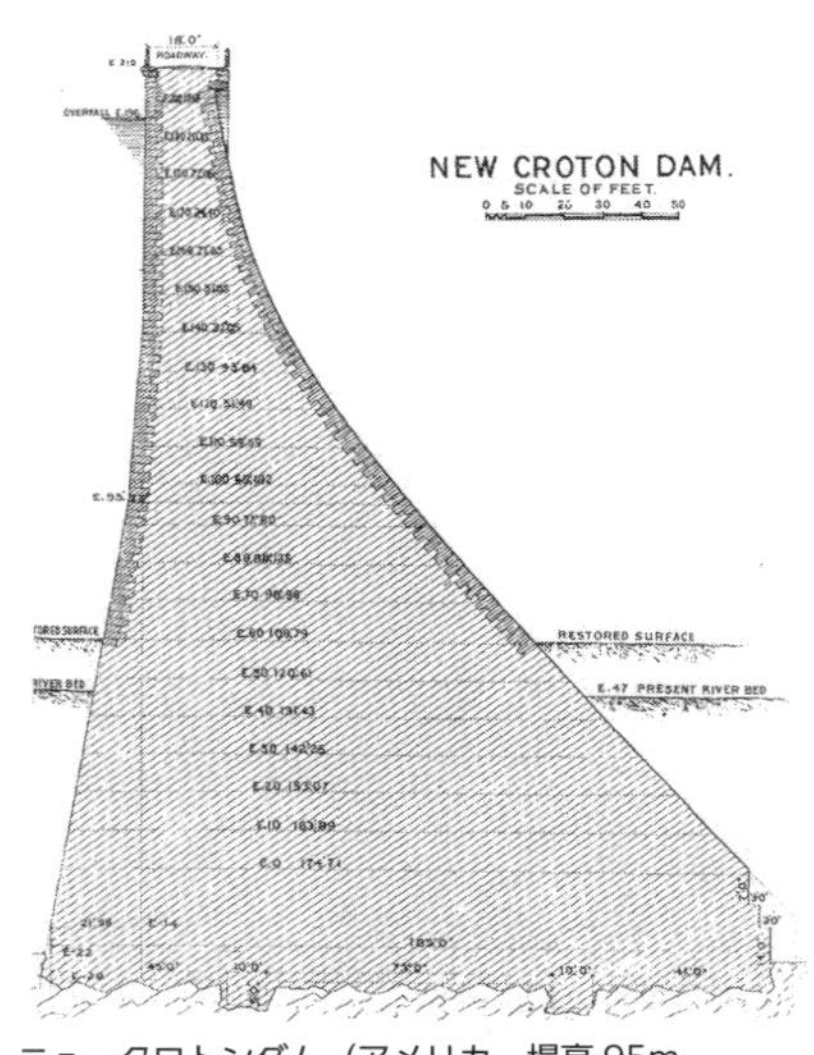

ニュークロトンダム（アメリカ、堤高95m、1906年竣工）：堤体の半分は盛土されている。

図版：ニューヨーク市

ため断面幅がより大きくなっているのがわかる。

一方、日本では、1890年代半ばに設計された布引ダム（目録1）や西山ダム（目録4）は、下流面の勾配を直線化することで施工をしやすくしており、これらの断面形状は、1910年代までの国内石積み堰堤の規範になっている。

なお、当時の揚圧力対策は、排水孔によって揚圧力を抜く対応が主体であった。揚圧力を考慮した堤体断面設計を明確におこなったのは1920年頃に設計された大峯ダム（→P36）以降である。ただし、堤高40メートルを超す千苅ダム（目録18）や小ケ倉ダム（目録33）では、標高が低いほど緩くなる寺勾配を採用して、堤体断面を増やさずに安定性向上を図っている。

用語解説……**揚圧力**●ダムが設置されている岩盤などに浸み込んだ水により、堤体をダム底から浮き上がらせようとする力のこと。
寺勾配●寺の屋根のように、上にいくほど急になり、反り上がる勾配。

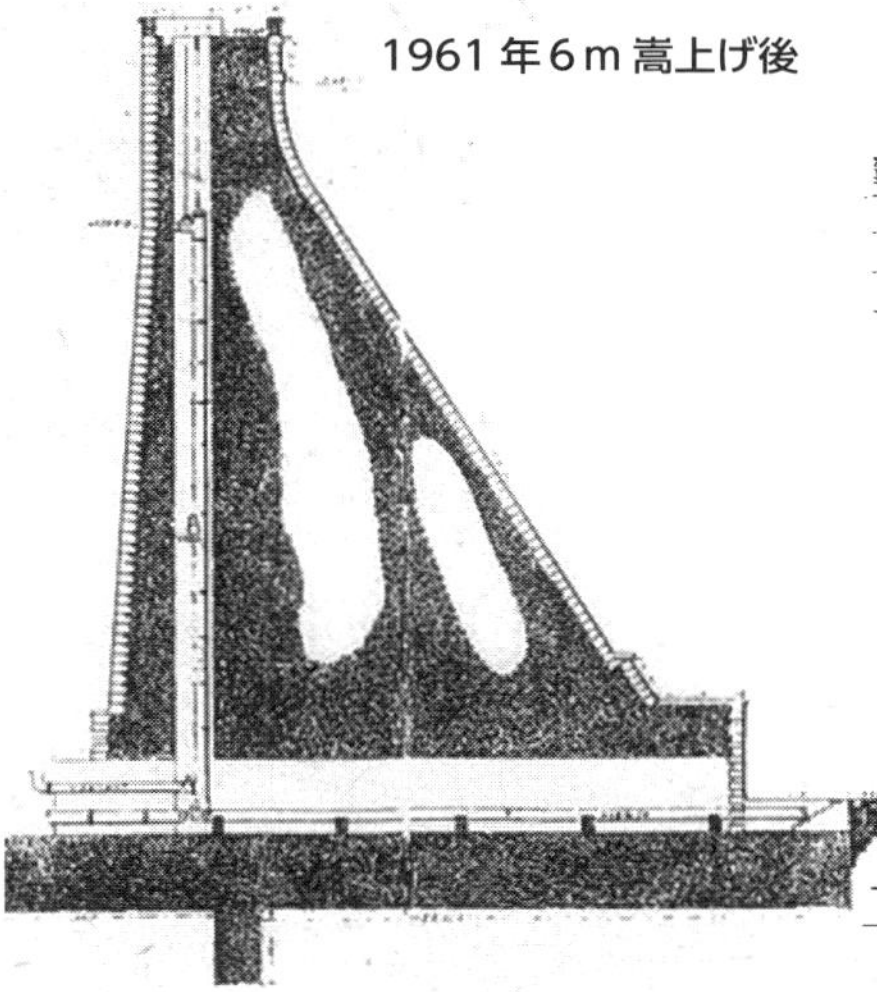

1961年6m高上げ後

西山ダム（日本、堤高31.8m、1904年竣工）：
上流面はコンクリートブロックを積んでいる。

図版：長崎市

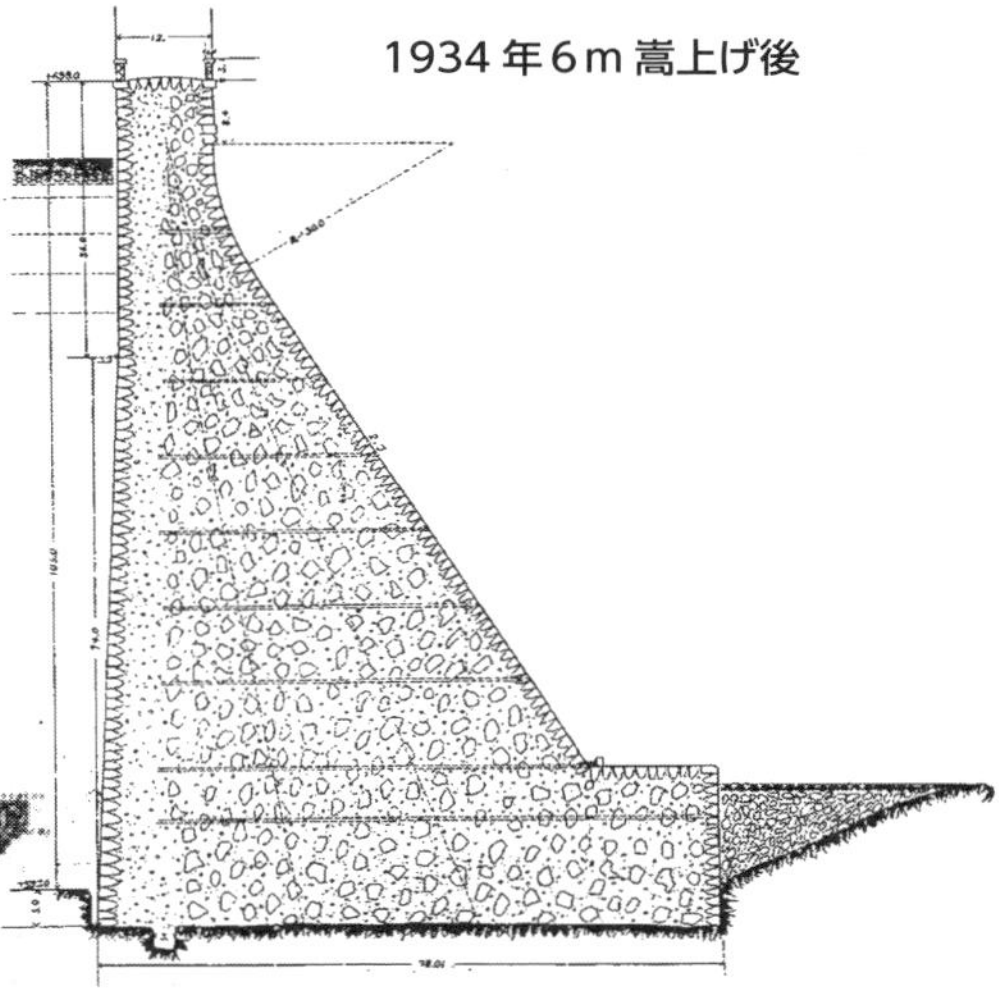

1934年6m高上げ後

布引ダム（日本、堤高33.3 m、1900年竣工）：
上流面のほうが大きい石材を用いている。

図版：神戸市

その後、1923（大正12）年の関東大震災後、新たな耐震設計法が物部長穂によって提案された。江畑ダム（目録46）断面のように、耐震性を考慮して断面勾配を緩くし、堤頂直立部も短くするような設計となり、だんだんと現在の重力式ダムの断面に近くなる。

なお、当時の石積み堰堤の横断面図は、まるで精密なデッサンのようである。積み石の大きさや据える方向も記されているので、切石と割石（→P120）の配置と方向がわかる。たとえば、石積み堰堤の下流面の積み石は、割石（くさび形）を用いるのが当時は一般的であったが、ニュークロトンダム、西山ダム、の二つのダムでは、切石（直方体）を用いていることがわかる。

江畑ダム（堤高 24m、1930 年竣工）：石材の形状から下流面に割石を使っていることがわかる。　図版：山口市

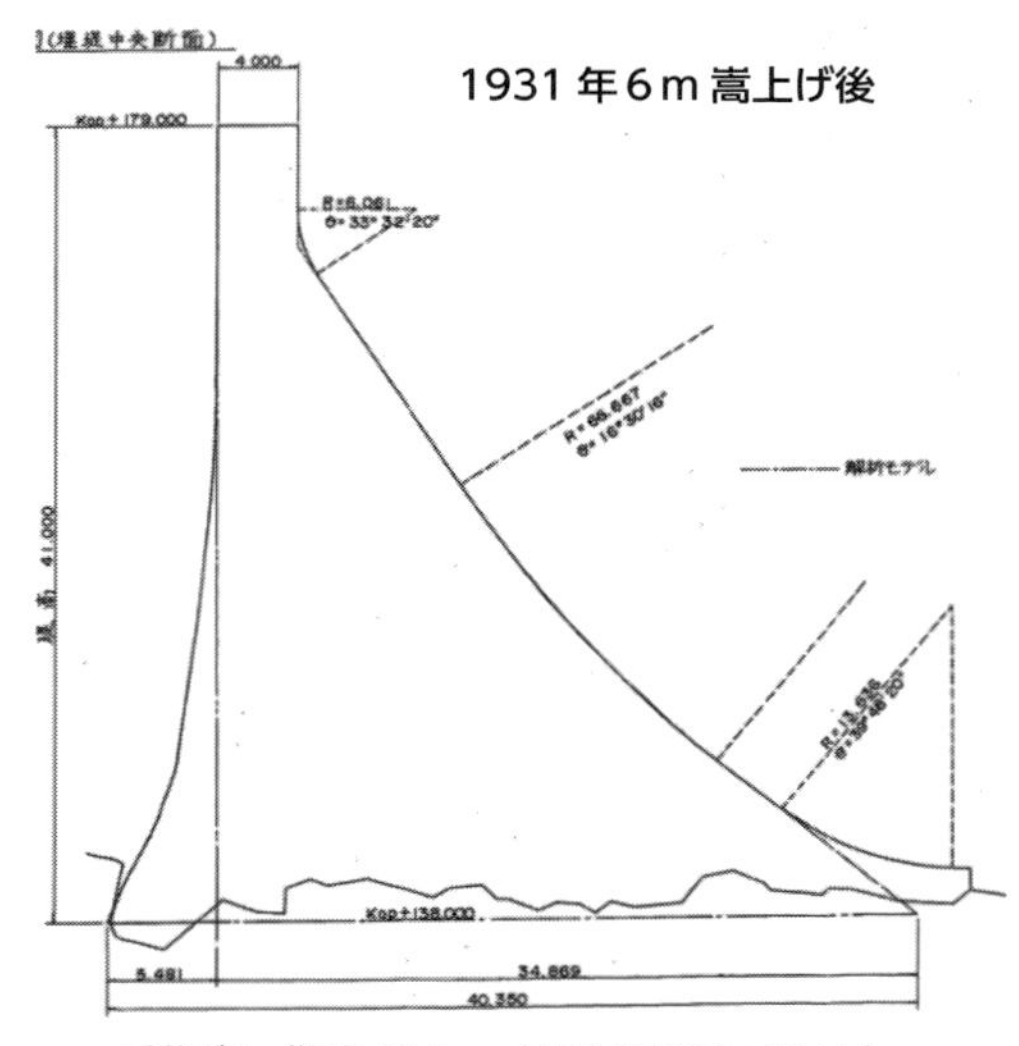

千苅ダム（堤高 42.4m、1919 年竣工）：嵩上げ部が鉛直に近いことがわかる。　図版：神戸市

堤体材料の違いによる分類

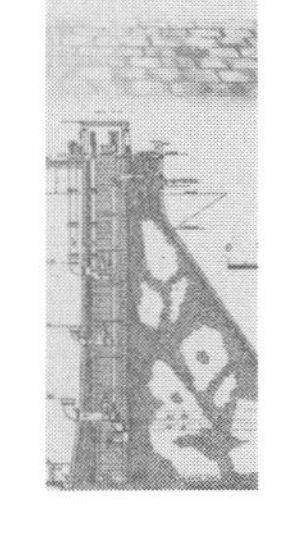

石積み堰堤は、時代によって堤内材料が異なるが、これによって強度や水密性*などの堤体特性も異なる。そこで、本書では堤内材料によって石積み堰堤を以下の3種類に区分した。外観では堤内材料を区別しがたいが、堤体材料と建設された時代を結び付けて区別すれば、石積み堰堤をより意義深く分類することができる。ちなみに、日本では外観が石積みであっても、内部材としてコンクリートが用いられたダムはコンクリートダムとして分類されることが多かった。

a. 近代化以前の石積み堰堤（↓P63〜71）：表面が石積みで内部が近代化以前の固結材（水硬性の旧セメントでローマンコンクリートなど）を用いたダム。欧米では19世紀の近代化前に旧材料を用いて城壁や教会基礎が多く築造されたが、日本ではほとんど見られない。

b. 粗石コンクリート工法による石積み堰堤（↓P72〜81）：外部が石積みで内部を粗石コンクリート工法で構築したダム。堤体内部の打設面に粗石を置き、その上に練り混ぜた軟らかめのコンクリート（または硬めのモルタル）を打設して造った。1870年代から1940年代までに造られた。世界的に近代文化財となっているものが多い。

c. マスコンクリートによる石積み堰堤（↓P86〜88）：表面が石積みで内部がマスコンクリートの

用語解説……水密性●水圧に対して、水がもれ出ない状態にあること。

ダム（1920年代以降に登場）。マスコンクリートとは、大玉の粗骨材も含めて大型ミキサーで混合したコンクリートをさす。足場用としての粗石は使わずに、マスコンクリートで堤体内部を打設した。外観はbと区別できないため、cも含めて近代の石積み堰堤である。

なお、マスコンクリートに粗石を入れる方法はコンクリートの発熱量や材料単価を抑えるために今も有効であり、中国では粗石を置いた後に高流動コンクリートを流し込む工法が出現している。ただし、これらの外側は石積みでないので、石積み堰堤ではない。

❶近代化以前の石積み

日本の江戸時代までの城壁は、空石積み（積むときに、石をそのまま積むこと→P109）が基本である。即ち、島根県の松江城に見られるように、外側は空石積みで内側は土塁（土を積み上げて築いた壁）であるが、高度な石積み技術によって地震にも耐えている。例外的に沖縄の城壁は、写真の勝連城のように内部は現地のサンゴ礁の石灰分を入れた造りになっている。石灰粉が水硬性（→P63）をもっているので、ある程度固化する。

一方、ヨーロッパの中世の城壁や防塁では、写真のように石積みの目地（継目）に水硬性のモルタル材が詰められているのが普通である。堤体内部については石と固化材によって固められ、城壁はある程度の強度をもち、耐久性も高い。結合材としては、ローマンコンクリートに用いられた

日本とヨーロッパの近代におけるコンクリート材と石積み模様

松江城の城壁（17 世紀初め）：平滑な面仕上げ（切込み接ぎ）は、全くずれていない。地盤が軟弱な箇所では「牛蒡（ごぼう）積み」といわれる崩壊（ほうかい）しない日本特有の技術が使われている。〔K〕

勝連城の城壁（16 世紀）：外壁は琉球（りゅうきゅう）石灰岩（奥行きの長さ 30cm）を加工した切石を積み、内側は水と砂に石灰岩を砕いた細粒と石灰岩粗骨材を混ぜて固めている。〔K〕

シュピルベルク城（チェコ、14 世紀）：石材の間に白色のモルタルが見える。〔K〕

ベローナの古代遺跡（イタリア、1 世紀頃）：ローマンコンクリートが使われている。硬くて緻密。〔K〕

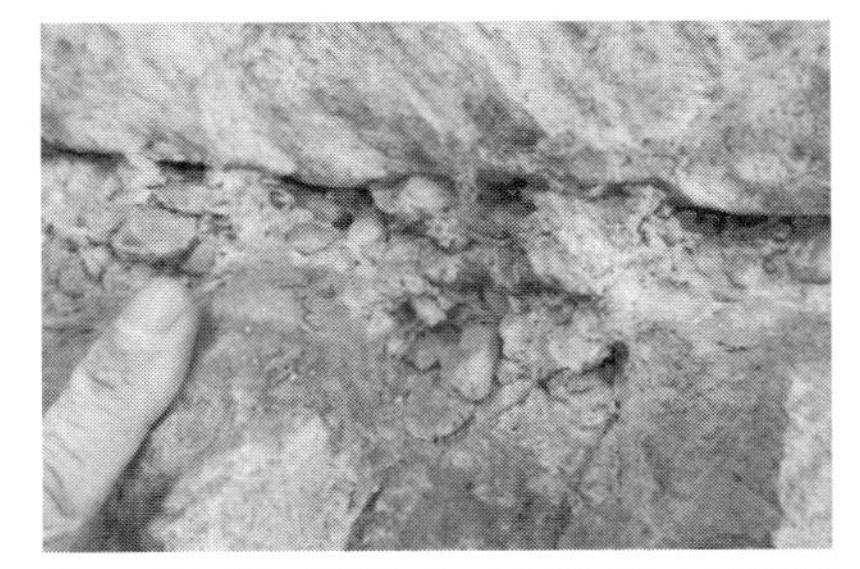

ヴォーバンダム（フランス、17 世紀末）：石材の間に小石混じりの水硬性間詰（まづ）め材が用いられている。〔K〕

トロスキー城（チェコ、14 世紀）：モルタルで固められた城壁。下方の切石は横長で、重量もある。石材の間に白茶色のモルタルが見える。〔K〕

ポッツォラーナ（Pozzolana）と呼ばれる火山灰が有名だが、ヨーロッパ各地でこれに近い結合材がある。近代に至るまで使われた材料にはトラス（Trass）があり、これはアイフェル地方（ポーランド南部）の水和反応*を起こす火山性凝灰岩(ぎょうかいがん)である。103ページの写真に見られるチェコやフランスの城壁では、このトラスの粉末を砂と水とで混ぜたモルタルが、石積みの間詰めや内部材に用いられている。

❷粗石コンクリート工法による石積み

(1)ポルトランドセメントの登場によるコンクリートの近代化

現在、セメントの最も代表的な種類となるポルトランドセメントは、１８５０年代にイギリスで実用化された。その後、１８６０年にドイツで、１８７１年にアメリカで工場生産が始まり、用途の拡大と品質の均一化が進んだ。

欧米では１８７０年代になると、ポルトランドセメントを使ったコンクリート製造が本格化し、ダムの場合は、外側は型枠がわりの石積み外枠にして、内部に粗石コンクリート工法を採用した重力式（↓P312）の石積み堰堤が建設されるようになった。この工法が用いられた結果、従来（19世紀前半まで）の石積み堰堤の内部の充填材である旧材料（石灰系の結合材など）と比べて、堤体の強度は遥(はる)かに強くなった。日本も19世紀末には、粗石コンクリート工法によるダム建設が始まった。

(2) 粗石コンクリート工法とは何か

粗石コンクリート工法とは、堤体積の3割程度を大きな粗石（巨石、石塊、切石）にし、それらを打設面に置き、その間にコンクリートを打設する（流し込む）工法である。粗石混入の目的は、①高価であったセメントの使用量を節約する ②セメント水和熱*を低減する ③堤体重量を増して安定性を高める、など。当時は、現在のような寸法の大きい粗骨材を十分に混合できるミキサーが未発達だったので、人力によって鉄板上で練り混ぜる方法が主体であった。必然的にコンクリートは小さな粗骨材となり、セメント量も多くなるので、粗石を置くことでセメント量を減らすことは特に重要とされた。ちなみに、明治期のセメントの価格は、現在の20倍以上と非常に高価であった。

国内の粗石コンクリート工法におけるコンクリートの練り混ぜ材料は、セメント、砂、水と砂利である。あくまで、粗石は打設面に置くべきもので、一緒に混合するものではない。即ち、材料としての粗石コンクリートは、置き石である粗石の周りに打設された粗骨材径の小さめのコンクリートである。さらに、骨材が砂だけになったものが粗石モルタルであるが、工法としては、粗石コンクリートと同じである。大正期後半に、大型ミキサーによって大口径粗骨材の練り混ぜがなされたマスコンクリートが登場する。その最初の一つである岐阜県の大井（おおい）ダム（→P37）において巨石（サイクロピアン）の置き石が採用されたように、粗石コンクリート工法自体はその後も使われた。

なお、戦時中や戦後間もない物資不足の時代には、粗石コンクリートが復活した。現在でも、粗石を置き石に使った工法は、改良されながら残っている。

用語解説……**水和反応**●コンクリートが固まるのは、セメントを構成する「化合物」が水と反応して新しい化合物になるからである。このセメントと水の反応のことを水和反応という。
水和熱●セメントと水を混ぜるときに、化学反応を起こして発生する熱のこと。

粗石コンクリートについては、以下のようにわかりやすい区別がなされているので参考にしてほしい。

粗骨材（割石・玉石から砕石への変遷）

我が国における重力ダムの初期に建設された布引ダム、黒部ダム（東京電力）、飯豊川第一ダム等は、いずれも割石・玉石を主材とし、この間にコンクリートを填充し、かつ上下流面を型枠替りの石材で被覆した粗石コンクリートダムで、中には粗石よりも更に大きい巨石を使用した巨石コンクリートも見られ、現在のコンクリートダムとは異なるものであった。

ここに、1個の重量が45キログラム（12貫）未満、板筋150ミリメートル（半尺）に留まる割石または玉石で、骨材として取り扱わないものを粗石といい、この粗石をコンクリートに埋めこんだものを粗石コンクリートという。1個の重量が45キログラム以上の割石又は玉石を巨石といい、この巨石をコンクリートに埋めこんだものを巨石コンクリートという。黒部ダム（東京電力）における粗石混入率は、セメント節約と重量増加の目的から約30パーセントと高い割合であった。

粗石、巨石のコンクリートの時代を経て、昭和5年頃までのダムコンクリートは玉石入りコンクリートに移行し、大井ダム、小牧ダム等のハイダムの例がある。この期間の粗骨材の最大寸法は現在に比して小さく黒部ダム（東京電力）や中岩ダムでは40ミリメートルであった。また、昭和初期には骨材製造機械の導入により、大規模なダムにおいては天然砂利に替って砕石骨材が使用されるようになった。

㈳電力土木技術協会『水力技術百年史』（1992年6月10日）230ページ

(3) 石材の積み方

石積み堰堤では、積んだ石材の背面をモルタルまたはコンクリートで固めるので、石材の積み方は石をそのまま積む空石積み（→P109）である石垣ほど構造上の重要性はない。しかし、積み方が良くないと長期において石材のズレや目地（継目）でのクラック（ひび割れ）が生じる原因になるとともに、景観上の違いも大きい。

石積み堰堤における積み方には整層積みと乱層積みとがあり、それぞれの種類と各特徴を以下に記すが、いずれも一長一短がある。

整層積みには、石材の辺を下に向けて積む「布積み」があり、乱層積みには、石材の角を下に向けて積む「谷積み」、石材の向きを揃えない「乱積み」がある。

①布積み：四角面の切石・割石（→P120）の長辺を水平にして積み上げる方法。水平の線が揃って積まれるので美しいが、固着なしの石垣の場合は谷積みと比べてせん断（ズレ）に弱い。ダムの場合はモルタルで石材の間を固めるので、せん断に弱いという問題がないことから、布積みが多数派であり、まずはこれ

石材の積み方と美的特徴

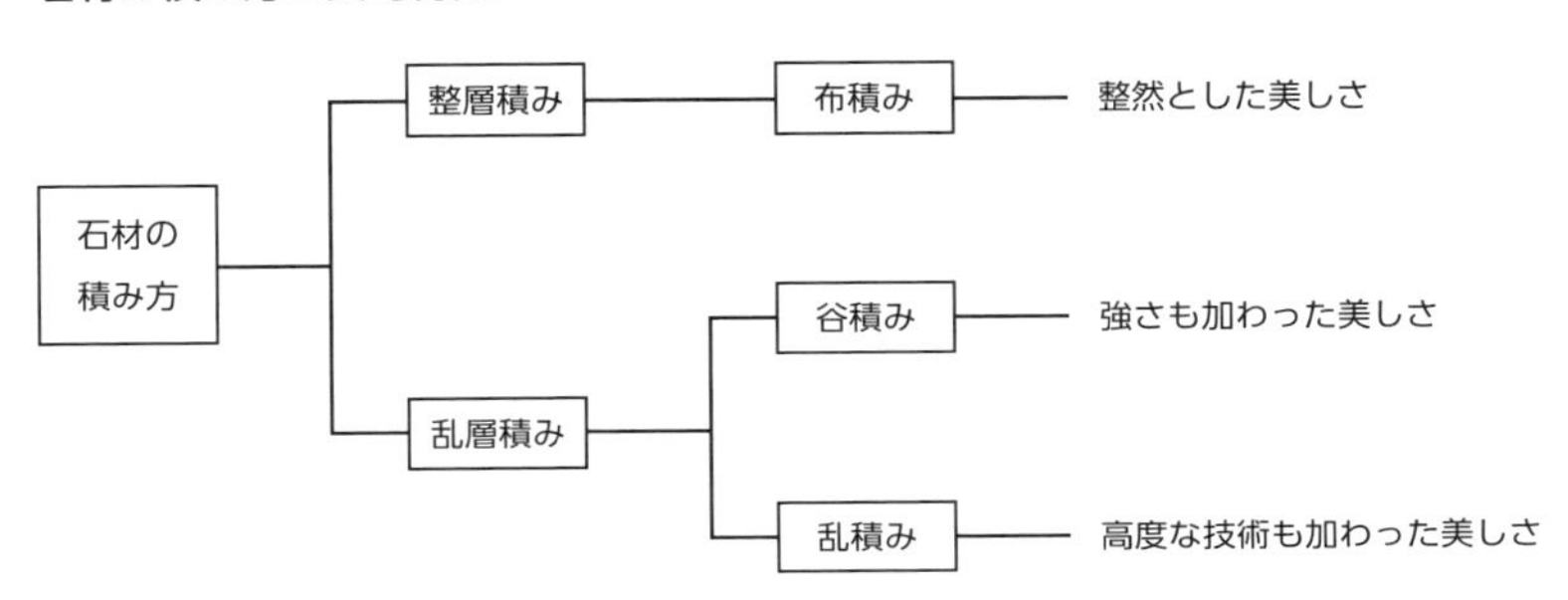

が基本形である。布積みは、石の高さと幅を柔軟に変えることで斬新な印象を与えることもできる。なお、上下の石は目地が鉛直につながらないように「工の字」になるように横にずらして積むことで強度が増す。

②谷積み：四角面の切石・割石の辺を斜めにして積み上げる方法。道路などの法面（のりめん）（人工的傾斜面）や河岸用の石垣、練石積（ねりいしづ）み*の擁壁（ようへき）（→P65）などに多用されている。谷積みにすると、水平方向のせん断線が直線でなくなるため、石垣の場合は、地震などによるせん断に対して強くなる。ダムの場合は、モルタ

平山上（ひらやまうえ）溜池堰堤（目録66）下流面の布積み：切石による石積みは、傷みをほとんど感じさせない。〔K〕

久山田（ひさやまだ）ダム（目録29）横下流面の布積み（切石は1辺30cm弱）：堰柱（せきちゅう）も含めて、正確に「工の字」に積まれている。上端はそのまま高欄と接続している。〔K〕

ルで石材の間を固めることから、谷積みの採用例は少ない。完全な谷積みは少なく、乱積みとの混成がダムでは多い。

③乱積み：目地にこだわらず、不規則に積み上げる方法。布積みや谷積みよりも面合わせが難しいが、割石の形を揃える必要がないことや、廃棄分を減らして利岩率*を上げられるという利点がある。石工職人の高い技量が必要だが、うまくおこなえば変化に富んだ印象を与えることができる。中欧の石積み堰堤においては、高度な乱積みが多い。美の追求以外に、石工の腕を競わせたということも背景にある。

用語解説……**練石積み**●石材間にモルタルなどの練材（ねりざい）を詰めながら積み上げる方法。練材を用いない方法を空石積みという。石積み堰堤はこれによって外枠を形成している。本書の石積み堰堤はすべて練石積みである。
利岩率●石材として利用できる割合。

ムシェノダム（チェコ）：1920年竣工、密着性と平滑性（平らでなめらかなこと）を保った驚異的に精緻な乱積みがなされている。〔K〕

千本（せんぼん）ダム（目録14）上流面の谷積み（切石は1辺30cm弱）：五角形の形をした笠石（かさいし）（→P185）で天端（てんば）の上端の線を直線化している。石の形が違うので、高度な石工技術が必要とされる。〔K〕

石積み堰堤の洪水吐きの種類

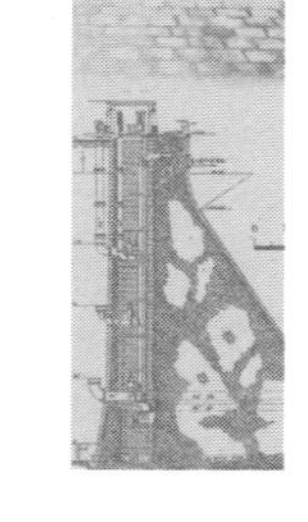

近代以前のダムの多くが洪水によって損壊していることから、洪水を安全に流下させる放流施設である洪水吐き*の設置は必須である。石積み堰堤における洪水吐きのタイプとしては、洪水吐きを堤体外に置く分離型と堤体内に置く付属型に分類される。

分離型洪水吐きは、越流堰*を左右岸*近傍の堤外に設けて、越流頂を越えた洪水を堤外で下流に流下させるものである。これは、欧米で石積み堰堤が登場した１８７０年代に採用された。当時は堤体強度上の懸念から、堤体の下流面へ洪水を流し下すことへのためらいがあったためだが、堤体と切り離して施工できる利点もある。日本でも、初期の石積み堰堤は、洪水吐きを堤体の外に置くタイプが大半であった。

堤体付属型洪水吐きの登場後も、地形的に左右岸をそれほど掘削せずに越流堰を設定できる場合や、堤内型だけでは洪水を処理できない場合は、分離型を採用した。なお、下流への導流は地山（自然のままの地盤のこと）の岩盤に沿わせて階段状にして流下させた事例も多くある。この場合、自然に何段も連なった小さな滝となり、美観に優れている。

左の写真は、曲線にして越流頂を長くした曲渕ダム（目録24）の横越流堰と、左岸の正面越流堰から地山に沿って流下させた千歳第４ダム（目録17）の分離型洪水吐きの例である。

用語解説……**洪水吐き**●洪水時において、ダムと貯水池の安全を確保するために設けられた放流設備の総称。発電用ダムでは「余水吐き」と呼ぶ。
越流堰●洪水を越流（流出）させるための堰。
左右岸●ダムの場合、川上から川下を見たときの右手側が右岸。左側が左岸となる。

曲渕ダムの横越流堰：1934年嵩（かさ）上げ時に増築。〔K〕

千歳第４ダムの分離型洪水吐き：洪水吐きの最下流部分に設けられた減勢工（→ P45）で水勢が水中減勢される。〔K〕

これに対して、堤体付属型洪水吐きは、堤体天端の一部を切り下げて越流頂を設けるもので、堤体の下流面に沿って洪水を流下させる。石積み堰堤全体の3分の2程度を占める多数派である。その利点は、越流堰の工事費と周辺の地山の掘削を減らせることだが、問題は、短い区間で高落差となる高速流への対応であった。つまり、堤体流下面への浸食、堤趾部（てぃし）（堤体の下流端→P313）の洗掘（表面が削り取られること）、直下流の減勢などが懸念されたのだった。しかし、1888年に竣工したイギリスのヴィルンウィーダム（→P74）において、堤体強度を高めることで堤体付属型洪水吐きが初めて採用され、洪水を流下させても問題ないことが実証された。以降、堤体付属型が重力式ダムの主流となる。

ヴィルンウィーダムでは、ほぼ全面越流による越流深の低減、堤体の流下面に表面突起の多い巨石を使用、堤趾部で流水衝突させることによる減勢、下流端での副ダム設置*による減勢などを採用。これらは、現在の水理設計の基本となっている。日本では、桂（かつら）貯水池堰堤（目録2）と立ケ畑（たちがはた）ダム（目録5）が堤体付属型の草分けである。

なお、石積み堰堤では、越流部と流下面の石材の表面を、凹凸を意図的につけた粗面とし、流下水が相互干渉することで減勢効果を高めることができる。この場合、越流水が空気を巻き込み、白波を大きく立てて減勢しながら流下するので、直下の減勢池（→P45）の規模を小さくでき、減勢池自体に見応えがある。一方、流下面の石材表面の凹凸を削って平滑化して、流下水を静かに減勢池に導く設計をした石積み堰堤もある。これは、現在のコンクリートダムとほぼ同じ方式であるが、流下水が暴れないので、局所的な洗掘による堤体損傷の危険性が少なくなる利点がある一方で、減勢池の規模が大きくなるという短所がある。

下の写真は、堤体頂部の3分の2を越流頂にした千本ダム（目録14）と、正面越流にしてその上に橋梁を設けて標準的な越流形状とした山田池ダム（目録52）の例である。

ダムによっては、分離型と堤内型の両タイプの洪水吐きを備えている千苅ダム（目録18）のよう

用語解説……副ダム●洪水吐きから落下する水による洗掘防止・減勢のためにダムの下流側に設けられる低いダムのこと。

千本ダムの長い越流頂：越流水は白く波立ちながら減勢池に入る。〔K〕

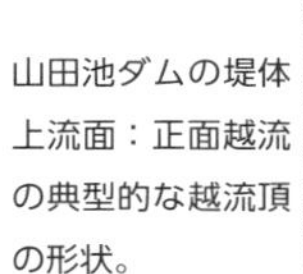

山田池ダムの堤体上流面：正面越流の典型的な越流頂の形状。

写真：清水篤

な例もある。当ダムでは、堤内の全面越流頂からの薄い越流水が堤趾部で複雑に干渉し合って減勢されるとともに、分離型の左岸横越流堰からの流下水が減勢池内でぶつかることで、減勢用の副ダムがなくても減勢できるという設計をしている。

千苅ダムの洪水吐き：付属型（上：正面越流）と分離型（下左：横越流、下右：放水路）の両方式を有する。〔K〕

ダム雑学⑧

「用・強・美」を徹底追求した石工泣かせの技

イギリスのエランバレーダム群など海外のダムは、越流した水の流れ落ちる美への徹底したこだわりをもつ。東大教授でもあった中島鋭治（→P43）は、国内ダムの水理設計において越流や減勢の形状に工夫を凝らし、究極の「用・強・美」（→P45）を追求している。

まずは島根県松江市の千本ダム（目録14）だが、左の写真を見てわかるように越流頂は鋭角に立っており、切れ味の良い日本刀のようである。特に越流頂の五角形の笠石の配置（→P109）と下流への鋭角なすり合わせは見事な石工の技である。また、千本ダムは堤体内での越流頂を最大限長くすることで（→P113）、水深をできるだけ浅くして越流させようとしている。つまり、浅い越流深で落下した流水は広い面積の石積みの凹凸で柔らかく減勢されながら静かに減勢池に着水する。さらに、流水は減勢池内の露頭岩に当たりながら減勢され、小さめの副ダム（→P113）を越流して下流の河川に流下する。

千本ダムの越流頂。〔K〕

ところで水理学上、越流頂の形状はなるべく流量を安定して多く流すために、刃形堰の自由ナップ（自然流下する水脈）形状が理想的である。つまり、同じ幅でより多くの流量を越流させるには、負圧の生じない範囲に越流深を抑え、越流頂の厚みを薄くして水理損失を小さくするほど有利である。しかし、越流頂を細く仕上げるのが難しいため、現代でも越流頂は幅広となってしまう。

最近になって、広島県尾道市の久山田ダム（目録29）においても、中島鋭治が水理構造を指導していたことがわかった。中島の指導で、久山田ダムの越流頂は千本ダム以上に細くなり、堤体直下の減勢池は、越流した流水が効果的に水中に入って減勢するように常時水深を保つ構造となった。それにしても、鎌首のような芸術的な越流形状は、石工たちを大いに悩ませたに違いないが、大阪城の石垣を造った石工の子孫の住む地であるので、たいへん張り切ったのかもしれない。

中島が晩年に心血を注いで指導したのは、長崎県長崎市の小ヶ倉（こがくら）ダム（目録33）である。当ダムでは、久山田ダムの規模を大きくした細い越流頂と常に満水の減勢池が設けられている。堤趾部には小ぶりながら国内最初の本格的な堤趾導流壁を設置。さらに減勢池最下流の副ダムにおいては、越流頂に丸みをつけた笠石を用いて流水形に近づけ、その下流に減勢を徹底するために玉石を固めた美しい副堤を設けている。中島はたびたび小ヶ倉ダムを訪れて、水理構造以外に対しても、基礎掘削の深さ、堤体構造、水路トンネル線形などの技術指導をおこなっている。

久山田ダムの越流頂。〔K〕

小ヶ倉ダム：洪水時の確かな減勢。　写真：長崎市

4 「用・強・美」の「強」

転石(ころびいし)ダム（長崎県）：海軍の叡智(えいち)が結集している。　写真：佐世保市

この章では、近代石積み堰堤の「用・強・美」の「強」に関わる「設計法、材料、施工法」などの変化について見ていく。

第2章で見てきたように、現代のセメントに近いポルトランドセメント（↓P72）が工場で大量生産されたのは、19世紀後半である。より強い堤体材料を得て、重力式ダムは外側がモルタルで固めた石材、内部がコンクリートという合理的な構造となって欧米に急速に広がった。当時のコンクリートは大きな石を置き、その周りに軟らかいコンクリートを打設する（流し込む）もので、巨大な粗石は内部のコンクリートを打設する際の足場にもなった。そのような施工法を粗石コンクリート工法と呼び、人力主体の施工であった。いわば、石積み堰堤の登場である。

20世紀に入ると、急速な近代化と都市人口の増大に伴い、水道用水、農業用水、治水の需要は大きくなり、より大型のダムが必要とされるようになった。このため、アメリカを中心にクレーンやトラックなどの大型施工機械の開発が進んだ（次ページのギルボアダムの写真参照）。1920年代には、ミキサーの大型化で粗骨材ごとコンクリートを練り混ぜ、シュート（↓P89）やクレーンで打設する現在に近いマスコンクリート工法が誕生した（↓P86）。同時に、木材（後に鋼材）で外側を囲って、その内側にコンクリートを打設する、現在に近い型枠工法（↓P11）が生まれた。これらの脱・石材化が大きく進んだのは、石工不足が深刻化した第一次世界大戦下のアメリカであった。

これらの堤体の施工法と外観の大きな変化は、アメリカでは1910年代に起き、堤高の高い大規模ダムに適用された。日本でも1920年代に大峯ダム（別名志津川ダム）（↓P36）や大井ダム（↓P37）で採用され、以降、石積み堰堤はマスコンクリートのダムに切り替わっていった。施工法としては、人力主体から大型機械の導入、外観上は石積みからコンクリート面むき出しへの変化である。

ただし、中小規模のダムにおいては、外側が石積みだが堤体内部がマスコンクリートという石積み堰堤が、粗石も用いながら1950年頃まで建設された。このタイプのダムはヨーロッパや日本に多いが、その理由として、①この頃まではセメントの価格がまだ高かったので、コンクリートの量を減らすことで経済的に有利となった②石工を何とか確保できた③石材を現地に近い場所で確保できた、などがある。

以上のことは、これまでにも記してきたが、あらためて、近代石積み堰堤の歴史を簡略化してまとめてみた。

ギルボアダム（アメリカ）：1927年竣工、堤高55m。クレーンなどの大型機械導入による建設工事の様子。
写真：ニューヨーク市

外部材としての石材の施工法

(1)石積み堰堤(えんてい)に用いられている石材の種類と呼び方

石積み堰堤に使われる石材の種類は、野石(のいし)と河原石(かわらいし)からなる自然石と、加工石の2つに分けられる。加工石は、おもに切石(きりいし)と割石(わりいし)からなる。どちらも、岩盤または岩塊としてある自然石を大割、小割にしたものである。例外的に、切石サイズにコンクリートを固めたプレキャスト材（ブロック）が使われた石積み堰堤もある（↓P152）。

石積み堰堤の工事資料を見ると、大体において、堤体外側の石積みに用いる石材のうち、直方体のものを切石、くさび形のものを割石と呼んでいる。また、堤体内部においては、コンクリート打設前に打設面に置く大きな石を粗石(そせき)と呼び、野石・河原石や切石・割石の寸法外の石材が用いられた。

石材の呼び方には多種あるが、本書では、石積み堰堤の多数で用いられている用語を中心に単純化して、「切石＝直方体の積み石、割石＝くさび形の積み石、粗石＝内部打設時の置き石」と定義する。

石垣技術の関連からいうと、割石と同様にくさび形に切り割った石を間知(けんち)

石積み堰堤で用いる石材の種類

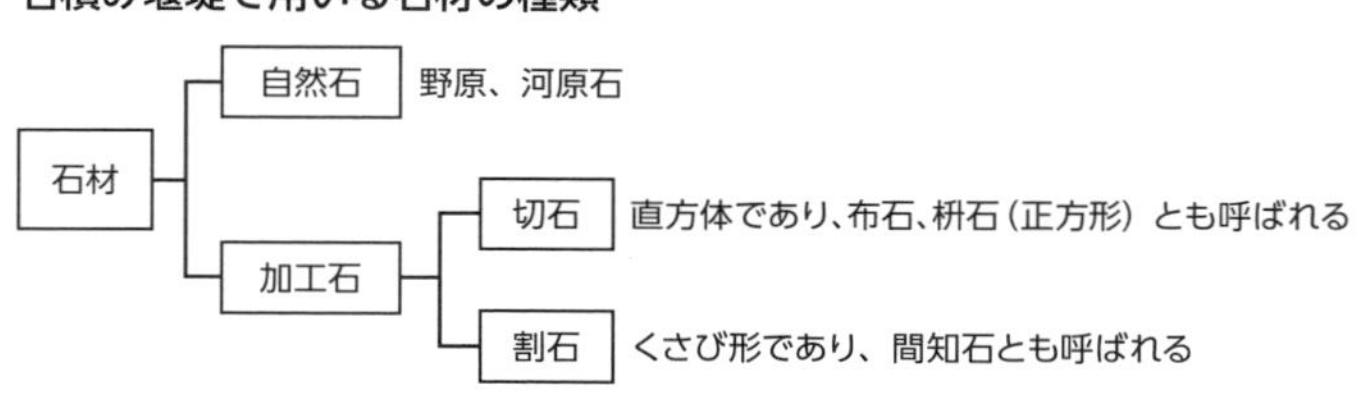

石(いし)といい、切石のなかで直方体のものを布石(ぬのいし)、正方形の面をもつものを枡石(ますいし)という。切石と割石の奥行の長さを「控(ひか)え長(ちょう)」という。ちなみに、間知石は現在でも石垣工事用に用いるが、検知石とも書き、「検尺した石」が語源である。

(2)石材の寸法と重さ

石積み堰堤の工事資料を見ると、切石、割石ともに石材の寸法は、面が30センチメートルから40センチメートル角のものが多く、控え長はこれよりも若干長いものが多い。布引(ぬのびき)ダム（目録1）の例では、切石1個の重さは平均して70キログラム程度であり、割石はその半分程度の重さであったと推察される。

(3)切石と割石の特徴

切石と割石の特徴は次のとおり。

①切石は直方体なので、ほぼ自立させて積み上げることができる。
②切石は切り出すため、割って形を粗く揃える割石よりも加工の手間がかかる。
③割石はくさび形なので、堤体面に沿って石の表面を合わせた後に、その裏をモルタルまたはコンクリートで固めながら積み上げていく。
④傾斜部や曲線部は、割石のほうが堤体面に沿って石の面を合わせやすい。

⑤割石は切石と比べて軽いため、運搬しやすい。

これらの特徴から次のことがいえる。

a．石材の製造費：切石と割石の重さあたりの価格はほぼ同じだが、表面が同面積の場合、割石の重さは切石の半分程度となる。従って、割石のほうが安いといえる。

b．石積み施工費：鉛直面では自立する切石のほうが手間は少なく、施工的に有利となる。曲線部では、面合わせで角度を自由に調整できる割石のほうが、施工的に有利となる。

(4) 切石と割石の使い分け

切石と割石は、それぞれの石の形状と寸法に従って、適切な場所に用いられるべきである。

左ページ上の図は、曲渕（まがりぶち）ダム（目録24）における石工細部図である。大きめの切石を下位標高に置いて外観バランスを良くしたうえで、上位と下位で石の大きさや積み方を変えることでアクセントを付け、より変化に富んだ外観としている。

切石と割石の形状

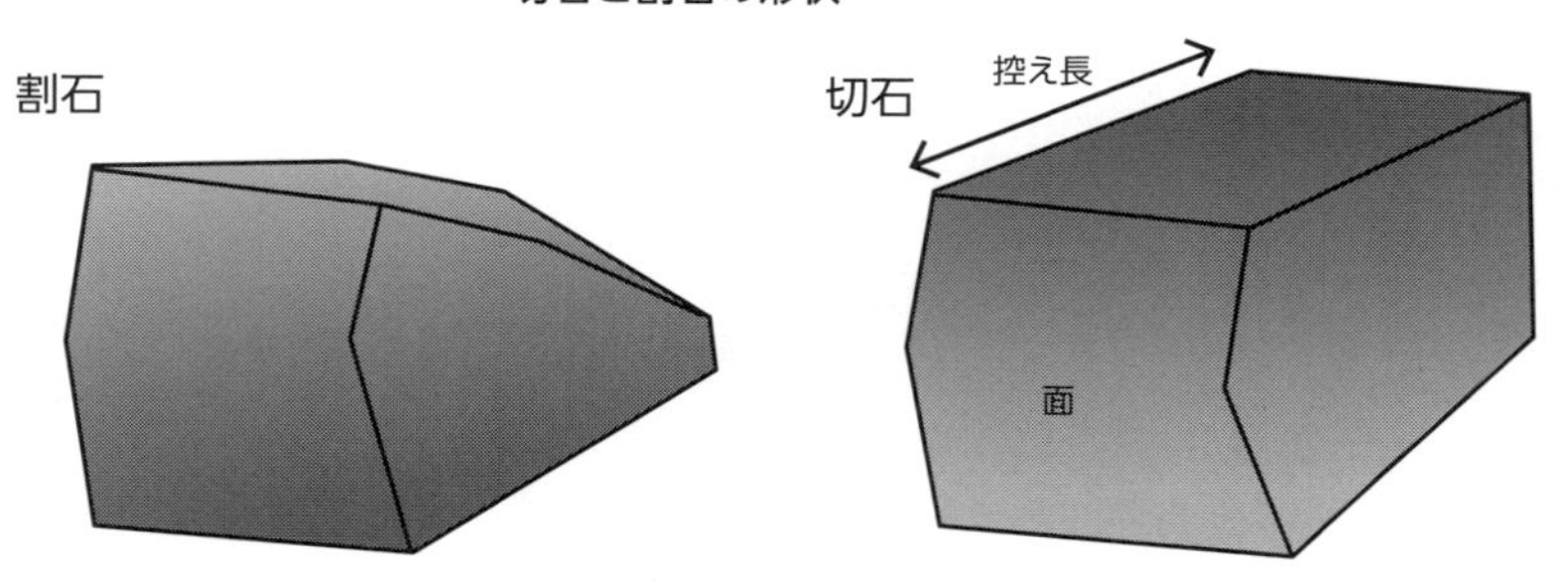

1辺30～40cm、控え長は切石で60cm、割石で35～40cm。

曲渕ダムの1923年3月竣工時の堤頂部断面図。頂部と下流面には割石が用いられた。

図版：福岡市

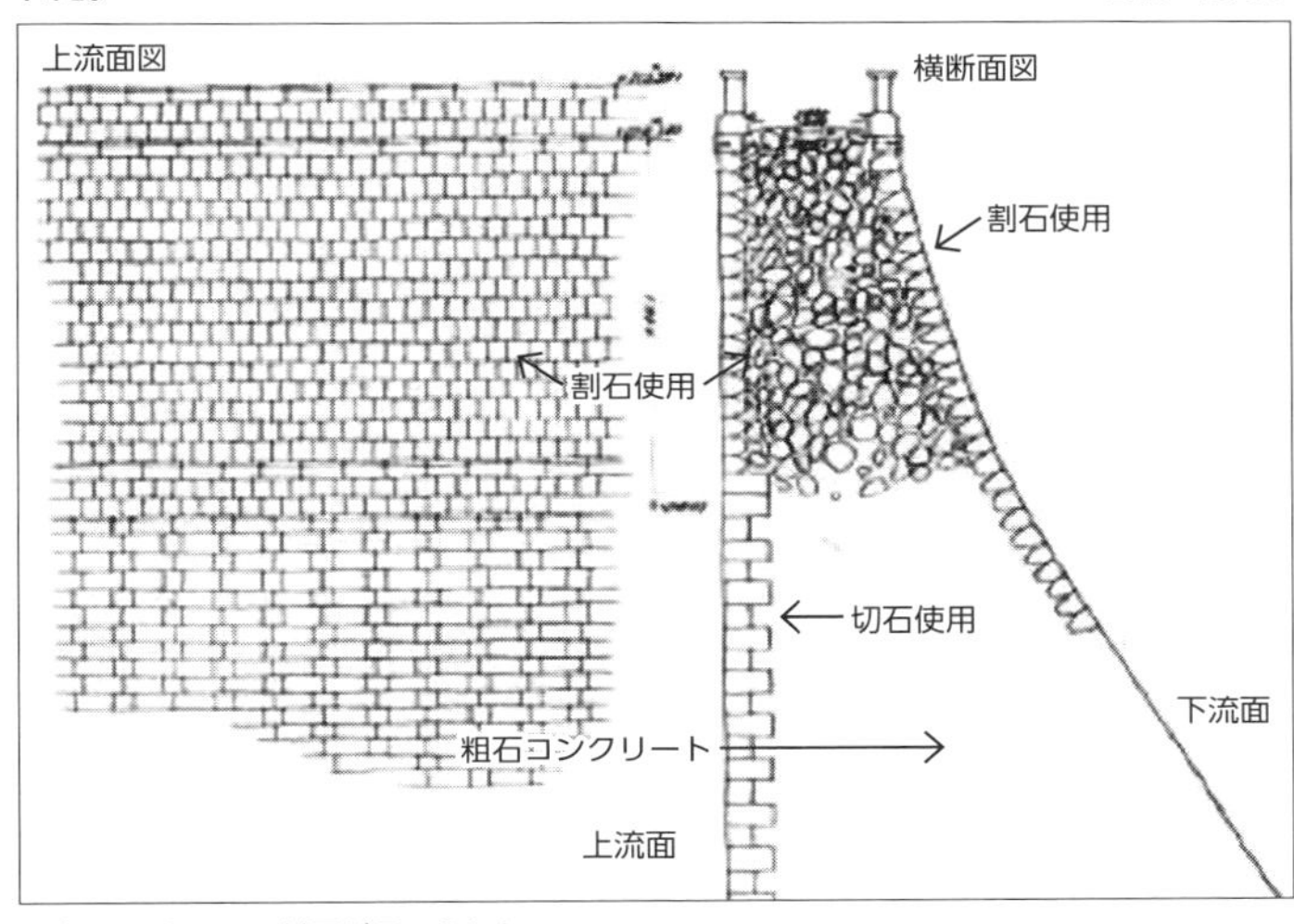

頂部と下流面には割石が用いられた。

小ヶ倉ダム（1925年頃）：越流部であるので下流面でも切石が使われている。

写真：長崎市

また、堤内に越流型の洪水吐き（↓P111）を設けた小ヶ倉（こがくら）ダム（目録33）の事例では、下流面に、越流水に耐えられるように、より大きな石を配置している。

石積みによる堤体外側の形成方法

石積み堰堤においては、直方体の切石またはくさび形の割石として加工された石材を堤体上流面及び下流面に沿って据えて、石材の間にモルタルを敷きながら石材を積み上げることで外側の枠が形成される。

千本ダム（目録14）では、1990（平成2）年に補修工事をおこなったが、このときに越流頂部の石材を取り外し、止水用の仮設アンカー*設置後に石積みを元の形状に復元して再設置した状況を示す写真がある。下に見られるように、補修の手順は「足場工を設置⇩石材目地の斫り*⇩越流頂部の石材を取り外す（写真①）⇩越流頂部に仮設アンカーを設置⇩上流面の石積み・目地詰め⇩下流面の石積み・目地詰め（写

① 堤頂部補修の全景：補修のため石積み堰堤頂部の石材が一時的に除去された。（⇨は下流面）

② 石材除去後の内部コンクリート：砕石粗骨材入りの褐色の硬いモルタルが見られた。（⇨は下流面）

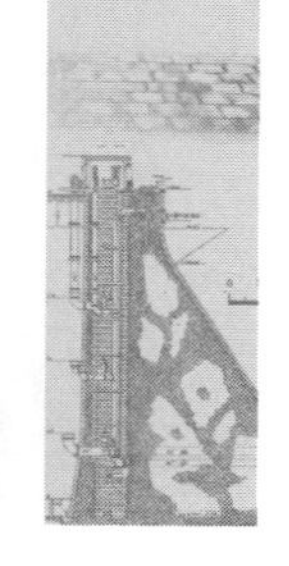

真④)⇩内部コンクリートの打設」であった。

外側には30~40センチメートル角、控え長が30~60センチメートルの間知石が用いられ(写真③)、下流面の石のほうが小型で控え長が短い。下流側の石材が小さいのは、斜面上で細かい面合わせをおこなうためである。

一方、石材のより大きい上流面を鉛直に立てる作業を先行させることで、石積みをより正確かつ安定して施工できる。上流面と下流面の石材が目地モルタルで固定された後に、その間にコンクリートが打設される。

なお、堤頂の石材除去後に砕石入りの褐色のモルタルが見られたが(写真②)、その色から火山灰が多く混入されているものと推定される。

用語解説……**アンカー**●ダム堤頂から鉛直方向に削孔して鋼材を入れて締め上げる機材(➡P263 堤体アンカー工法)。
斫り●コンクリート製品を削ったり、切ったり、壊したり、穴をあけたりすること。

③ 石材の搬入・設置:30 ~ 40cm 角、控え長が 30 ~ 60cm の間知石が用いられている。(⇨は上流面)

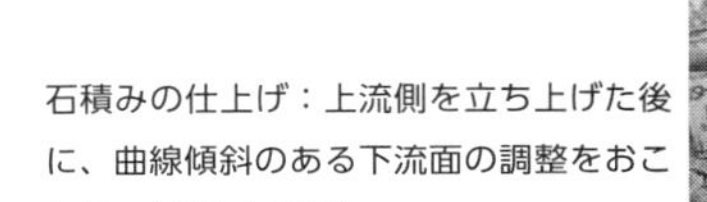

④ 石積みの仕上げ:上流側を立ち上げた後に、曲線傾斜のある下流面の調整をおこなう。(⇨は上流面)

写真: 4点とも松江市

粗石コンクリート工法による構築

粗石コンクリートダムは、正確には「粗石コンクリート工法で造られたダム」と呼ぶべきである。粗石コンクリート工法とは、左下のアメリカのダムの事例に示すように、1メートルを超す大きな巨石を打設用の足場も兼ねて置き、さらに巨石の間に直径数十センチメートルもの大玉粗骨材を置き、それらの間に最大骨材寸法40ミリメートル程度の軟らかめのコンクリートまたは硬めのモルタルを流し込んで打設する工法である。右下の小ヶ倉（こがくら）ダム（目録33）の写真でもわかるように、コンクリートの運搬や粗石の間のコンクリート突き固めは、おもに人力でおこなわれた。

クロトンフォールズダム（アメリカ）での粗石コンクリート工法（1900年頃）：巨石が打設面に並べられているのがわかる。
写真：E.Wegmann　The design and construction of dams, 1927

小ヶ倉ダムでの粗石コンクリート工法（1924年頃）：打設面に置かれた粗石の上に、人力でコンクリートを運んで打設している。上方にはコンクリートの突き固めをおこなっているのが見える。　写真：長崎市

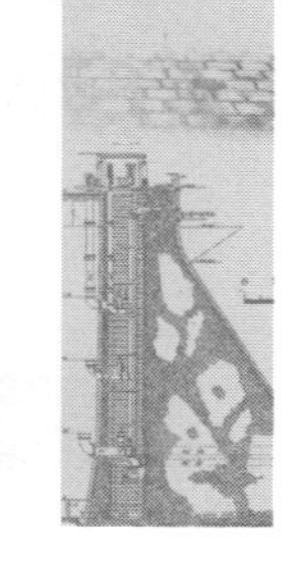

下の写真は、1920年代に堤高国内最大を誇った帝釈川ダム（目録26）において、第2次改修時（2006年）に堤体上流側にあった取水塔部堤体をワイヤーソー（ロープワイヤーにダイヤモンドチップを埋め込んだ索状切断具）によって切り出したときの切削面である。この写真により、1メートル以上（等身大）の巨石が作業台として一定間隔で置かれるとともに、粗石周りに大きめに割られた粗骨材が配されている状況が容易に理解できる。内部のコンクリートは密度が濃いことから、巨石使用と相まって非常に高い堤体強度が保たれていたと推察される。

また、堤体表面に配置された石材は、表面の形状や大きさを直方体に揃えた切石（間知石状の割石ではない）であるが、損

帝釈川ダム：再開発時において切り出された堤体下位標高の切削面。石積み堰堤の内部構造がよくわかる。

写真：萩原康之

傷や変位は見られず、外側として耐久性と美観の両方を兼ね備えている状況が理解できる。ちなみに、石材及び粗骨材は、石灰岩がおもで、部分的に花崗岩などが混じっている。

もう一つ、下の写真は成相ダムの再開発時（1999年）に水通しとして切削された成相池ダム（目録68）の越流部の頂部である。外側の石材の内部に30センチメートル超の粗石が置かれ、その間に打設されているコンクリートは非常に密度が濃いことがわかる。

成相池ダム：堤頂部の鉛直切削面。頂部の断面構造がよくわかる。　写真：安河内孝

ダム雑学 ⑨

巨大サイズのサイクロピアンコンクリート

宮崎県にある山須原（やますばる）ダムは、１９３２（昭和７）年に竣工した堤高２９・４メートルの発電用ダムだ。管理者である九州電力によって２０１８（平成30）年４月現在改修工事中だが、この工事の堤体切削中に、粗石コンクリートの巨大版であるサイクロピアン*（巨石）コンクリートが確認された。当ダムは石積み堰堤ではないが、この時代のコンクリートダムの代表的施工法である粗石コンクリート工法を知る格好の教材である（資料協力：九州電力）。

２０１７（平成29）年時、山須原ダムは下の写真のような姿で既設堤体の中央が大きく切り欠かれていた。ダム湖に貯水しているのが見えるとおり、貯水したままで改造工事が進められている。ダム湖には堤体直上流に仮締切という強靭な壁を設けてお

山須原ダムの堤体中央部の切削状況。白い矢印部分がダム湖。

用語解説……サイクロピアン●サイクロピアンはギリシャ神話で一つ目の巨人キュクロプスのように巨大なという意味。

り、工事がおこなわれている現場を水から隔絶している。仮締切によって干し上げられて堤体切削は進められ、真っ平らとなった底部の切削面に巨石の切断面を見ることができた。

このように改修工事が進められている山須原ダムでは、大きく堤体をカットする必要が生じたために非常に貴重なものが現れた。堤体の底に近い部分に、巨石がたくさん出現したのである。これはコンクリートが高価であった時代に、堤体の自重を稼ぐために投入されたサイクロピアンコンクリート（巨石コンクリート）だ。

堤体に巨石を使ったという記録が残っているダムは各地にあるが、実際にボーリング調査や、工事で堤体をカットしてみないと、どれほどの巨石が使われていたのかは不明である。山須原ダムでは、まさに工事でその巨石が姿を見せた。そのうちの一つを測定したところ大きさは60×70センチメートルにも

堤体切削面の拡大。

堤体切削面の全体。

なった。巨石の周囲には30センチメートルくらいの石や、さらに小さい石がモルタルによって結合され、びっしりと隙間なく完璧に収まっている。その様は見事であり、ていねいな工事がおこなわれていたことをうかがい知ることができる。

サイクロピアンコンクリートによる構造物の製造は、現在は用いられることのない技術となっている。その理由は、コンクリートが硬化する際に巨石の表面と密着しにくく隙間を生じやすい、モルタルと骨材が密着し隙間なく固まることが必要なのに、それを阻害してしまうという報告が多数寄せられたからである。

しかし、山須原ダムの工事現場の堤体カット面を見る限り、不具合があった様子は全く見られない。少なくともこの場所では、巨石コンクリートは報告されていたような粗悪なものには仕上がっておらず、その効果を存分に発揮した素晴らしいマスコンクリートの構造物であったことが確認できる。その巨石は、見る者に感動を与えるほどだ。

切り出されたコンクリートから、カットせずに取り出した巨石。大きさは60×100cmあり、重さは数百kgあると思われる。このような巨石が山須原ダムにおいては多数用いられ、堤体の重さをしっかりと稼いでいた。

配布が始まったダムカードには、竣工イメージのCGが使われている。工事が終われば、この姿を実際に見ることができるようになる。

執筆・写真：夜雀

石積み堰堤の施工方法

粗石コンクリート工法については、当時の施工の状況を示す写真がいくつか残されている。1890年台の布引ダム（目録1）、1900年台の本河内低部ダム（目録3）、1910年台の千本ダム（目録14）、1920年台の久山田ダム（目録29）は、いずれも人力主体の施工である。1930年台の曲渕ダム（目録24、嵩上げ時）や青下第1ダム（目録54）になると、堤体に資材搬入や外枠形成のために支保工が多く使われるようになり、重機を用いたシュート打設*もおこなわれるようになった。

布引ダム（1899年頃）：堤体上流面に人力で切石を積んでいる。全面レヤー打設（堤体全体が平坦に打ち上がる工法）である。

写真：神戸市

本河内低部ダム（1901年頃）：低標高での工事状況。中央に取水塔用の水通しが見える。

写真：長崎市

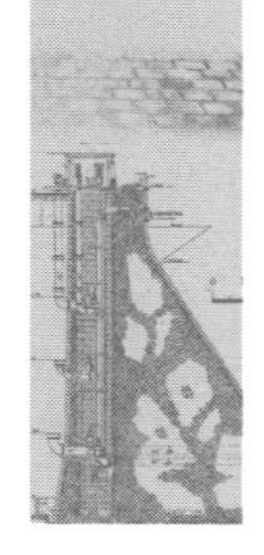

粗石コンクリート工法は、布引ダム、小ヶ倉ダム（目録33）などの文献によると、左記の手順の繰り返しとなる。

①堤体外部をモルタルで固めた石積みで囲い、粗石を堤体内部の打設面に置く。

②堤体内側にコンクリートを薄く敷く（約15センチメートル）。その後に粗石を打設面の各所に据えて、粗石の間に長めの板を渡して足場とする。

③粗石の間隙に栗石（くりいし）（栗の実ぐらいの小石）を入れ、木槌（きづち）で打ち沈める。表面に出てきたモルタルをコテでならす。

④石積みを型枠がわりにして、コ

用語解説……シュート打設●高所から低所に流し込むための樋（とい）もしくは管を通してコンクリートを送り込むやり方。（➡P89 シュート）

千本ダム（1916年頃）：下流面の谷積み状況。打設面にシュート打設用の櫓（やぐら）がある（⇨部分）。
写真：松江市

久山田ダム（1924年）：アーチ形状の高標高部でのシュート台によるコンクリート打設。
写真：尾道市

ンクリートを打設する。

⑤堤体上に運んだコンクリートを足場から落とし、人力で突き固めることで締め固める。前ページの千本ダムの写真でわかるように、櫓に吊ったタコ（土を突き固める道具）を数人で引き上げては落としてコンクリートを締め固めている。

⑥水張り養生をする。

欧米における石積み堰堤の施工状況を次ページに示す。同年代の日本と比べるとクレーンや軌条（レール）などの運搬施設の機械化が進んでいたことがわかるが、国内同様、石積みによる外枠形成後に巨石を混交した粗石コンクリートを打設している。

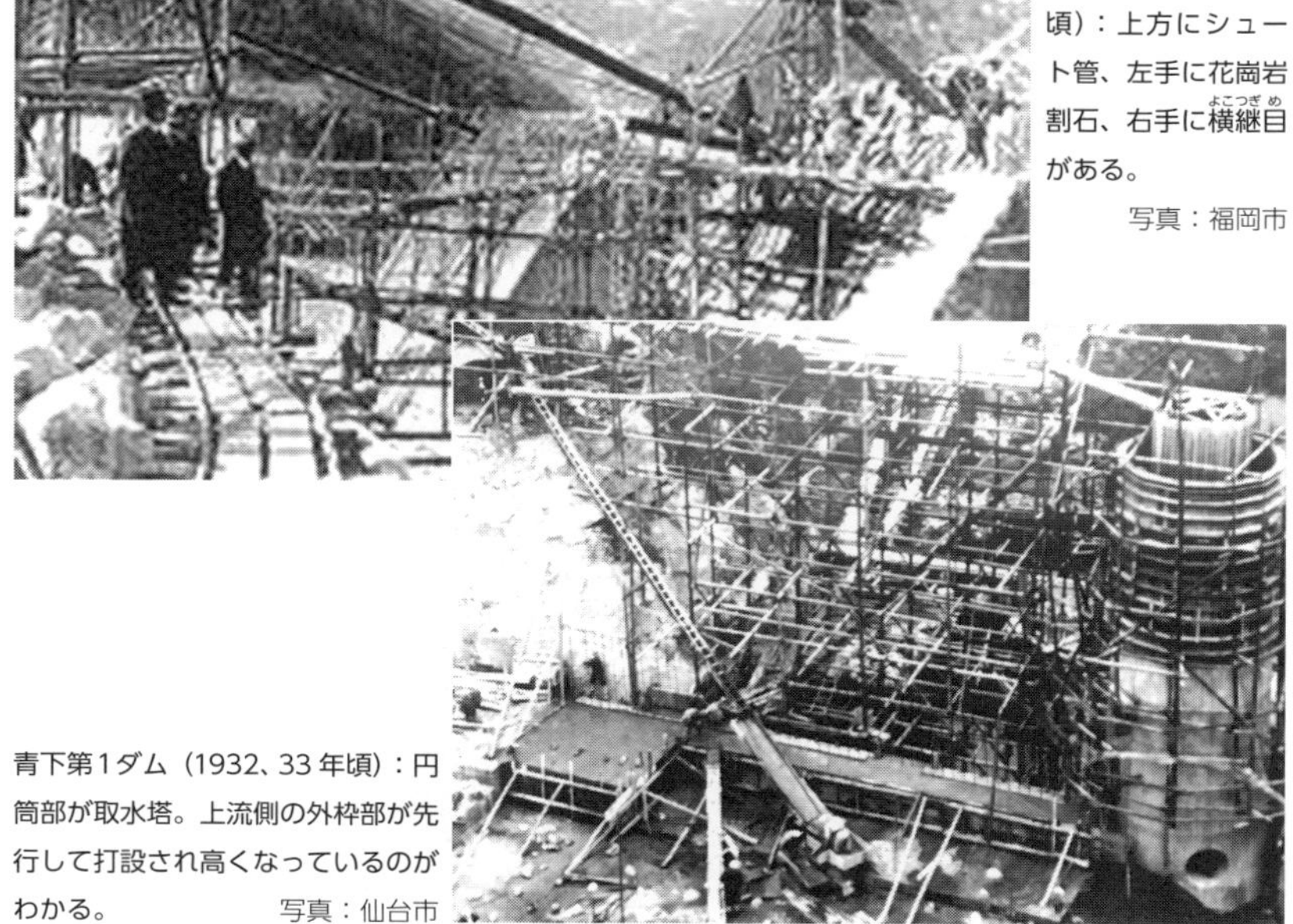

曲渕ダム（1932年頃）：上方にシュート管、左手に花崗岩割石、右手に横継目がある。
写真：福岡市

青下第1ダム（1932、33年頃）：円筒部が取水塔。上流側の外枠部が先行して打設され高くなっているのがわかる。
写真：仙台市

欧米における石積堰堤の施工状況

チェコ・フォイトカダム（堤高 16m、1906 年竣工）：軌条走行のクレーンが天端（てんば）に据えられ、コンクリート打設に使用されている。

写真：チェコ大ダム会議

チェコ・パジツォフダム（堤高 31m、1913 年竣工）：軌条運搬の機械化が進んでいる。

写真：チェコ大ダム会議

アメリカ・ケンシコダム（堤高 94m、1917 年竣工）：天端クレーンの採用による柱状ブロック打設化。

写真：New York Public Library

粗石コンクリート工法によるコンクリート及びモルタルの品質

石積み堰堤のいくつかの堤体内を削孔して採取したコンクリートまたはモルタルによって、品質確認や、試験による圧縮強度（圧縮荷重に対して材料が持ちこたえることができる最大応力）が確認されている。ていねいに施工された粗石コンクリート工法によるコンクリートの品質は全体的に高く、強度上は現在のコンクリートに近いものである。コンクリートのていねいな練り混ぜと締め固めによって、粗骨材も均一に分散して偏りはあまり見られない。

しかし、粗石コンクリート工法で造られた場合の石積み堰堤の弱点に、漏水が多いことがあげられる。その原因として、①粗石の下にコンクリートのブリーディング水*が集まるために硬化後に空洞ができやすかった、②人力が主体のためコンクリートを細部まで充填することが難しかった、などがあげられ、これらの空洞が、水の通り道を形成することにつながったものと考えられる。

左ページの写真は削孔による採取コア（削孔コア）*を年代順に並べたものである。粗石コンクリート工法で打設された1900年代当初のHダムのコンクリート（写真①）はモルタルが多く、粗骨材の最大寸法も小さいことなどから、軟らかい流動性の高いコンクリートであったと推察される。

1910年代になると、Jダムでは内部材としてコンクリートでなくモルタルが使われているが、粗石間の充塡と締め固めを容易にしたものと考えられる（写真②）。また、Sダムになると、コンクリートの粗骨材の径は大きくなっており、ミキサーの性能が上がったことが推察される（写真③）。さらに、1920年代のKダムでは粗骨材の径は最大で8センチメートルほどと大きくなり、ミキサーの大型化が進んだことがわかる（写真④）。ただし、置石としての粗石はまだ使用されていた。

用語解説……ブリーディング水●硬化時の水和反応に使われなかった余剰水。
削孔コア●筒状の刃を高速回転させて穴をあけて取り出したコンクリートの塊。

石積み堰堤で採取されたコアの状況

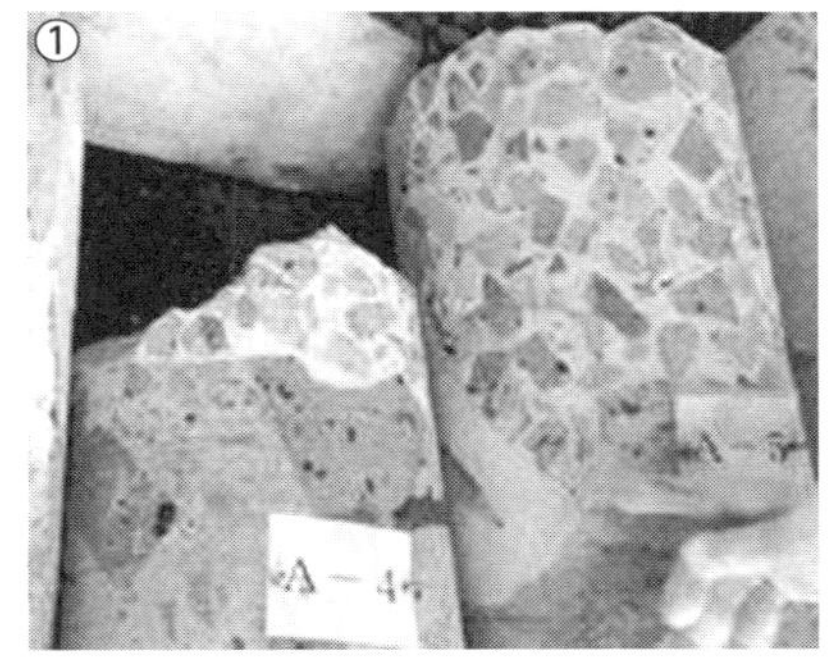

①Hダム（1900年代竣工）の採取コア150mm径：粗骨材の径は最大で3cmと小さめで、粗石とコンクリートの境界は密着している。〔K〕

②Jダム（1910年代竣工）の採取コア86mm径：花崗岩の粗石の間にモルタルが打設されている。粗石とモルタルは密着している。〔K〕

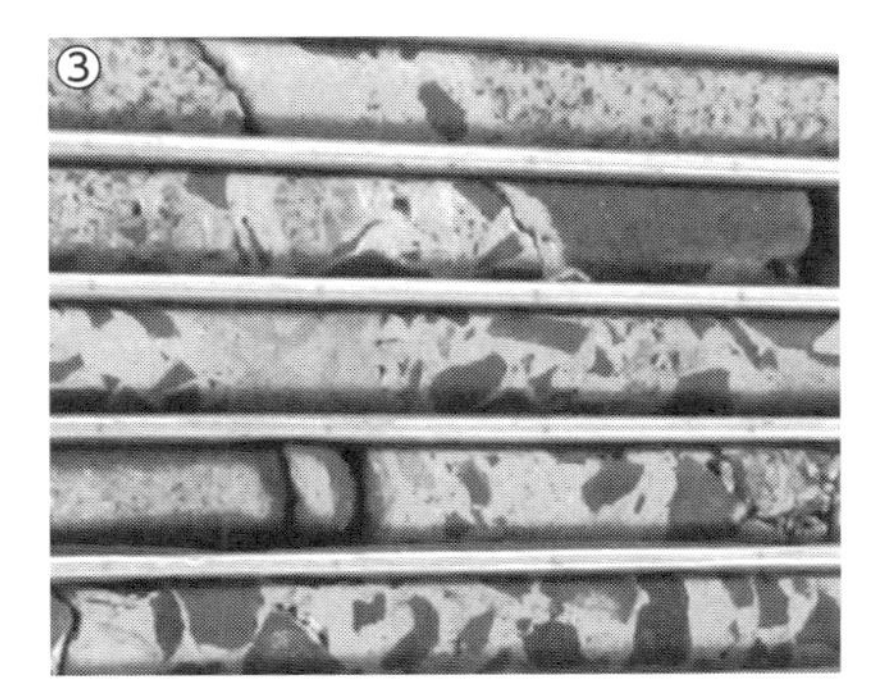

③Sダム（1910年代竣工）の採取コア66mm径：花崗岩の粗石は30cm以上ある。粗骨材の最大径は5cm程度であり分布にムラがある。〔K〕

④Kダム（1920年代竣工）の採取コア86mm径：粗石の径は30cm以上あり、粗骨材の最大径は8cm程度と大きくなっている。〔K〕

横継目、排水孔及び通廊

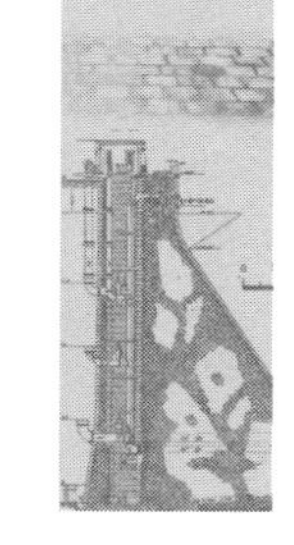

19世紀末のフランスのダムにおける事故の原因が、過大な揚圧力（ようあつりょく）（→P99）であることがわかったことから、国内最初の重力式ダムである布引（ぬのびき）ダム（目録1）では、堤体内の揚圧力を抜くために下流面に水平方向の排水孔（溝）が設けられた。その後、20世紀初頭の国内ダムでは、この方法が採用された。

一方、石積み堰堤の内部においては、セメントの水和熱（→P105）による温度差や、硬化時のコンクリート収縮によって、ダム軸（→P83）の直角方向にクラック（ひび割れ）が生じて、漏水につながることが多くあった。堤体積が大きくなるにつれて、この問題が大きくなったため、海外ダムと同様に、国内ダムでも1910年代中盤以降は、横継目*が設置されるようになった。施工としては、堤体をブロックごとに横継目で区切って打設する、現在のコンクリートダムにおける柱状（ブロック）打設工法*に近い。

横継目はその間が空きやすく水みち（漏水の経路）となりやすいことから、止水板（しすいばん）（銅板が標準的）が設けられた。止水板は横継目内の上流側に鉛直に置かれ、横継目からの水の浸入を止めるものであり、現在のものに近い。ちなみに、現在の設計基準である「第二次改訂ダム設計基準」（1978年、日本大ダム会議）では「銅板、ステンレス鋼板及び合成樹脂、合成ゴムなどの成型板があり」

となっている。設置場所は表面より30センチメートル以上内部、埋め込みの深さは継目の両側とも15センチメートル以上とされている。

横継目の採用とともに、横継目周辺の漏水を速やかに排水し、堤体への揚圧力侵入を防ぐために、止水板の直下流に鉛直排水孔が設けられるようになった。鉛直排水孔は着岩面の下まで入れられ、ダム堤体の基礎からの漏水も速やかに排水されるようになり、揚圧力対策は一層進んだ。

現在の継目及び基礎からの排水は、堤体内の通廊（→P37）によってなされるが、堤体の強度や工法の問題から、石積み堰堤の通廊は、上下流方向の局所的なものにとどまっている。本格的な通廊設置は、マスコンクリートによる重力式ダムの登場（最初の通廊設置は1924年竣工の大峯（おおみね）ダム→P36）まで待たなければならない。

用語解説……**横継目**●ひび割れを防ぐために、人為的に造られた不連続面。ダム軸方向に直交するものを横継目、平行なものを縦継目と呼ぶ。
柱状打設工法●継目によっていくつかのブロックに分割し、隣接する区画との間に高低差をつけて鋸歯状に打ち上げていく工法。

小ヶ倉ダム（1923年10月）：ブロック柱状工法、シュート打設、上下流面石材使用などの状況がわかる。

写真：長崎市

具体的に、排水孔を設置したいくつかの例をあげると、次のようになる。

・本庄ダム（目録12）では、国内で初めて横継目を採用し、12メートル間隔で5か所設けた。横継目の接続には鉛直継手を採用し、横継目の上流面近くに設置した。鉛直継手とは、横継目面の上流側に鉛直に立てておいた止水板（銅板）のことであり、平面的にクランク状に折ることで横継目のズレに対して追随できるようにしてある。鉛直継手の下流側には鉛直排水孔を置いて、止水板を回る漏れ水があっても孔で排水することで下流側に水が伝わらないようにしている。

・曲渕ダム（目録24）では、横継目部に伸縮継手（温度によるコンクリート収縮に対応した鉛直継手）を採用した。

河内ダム（1923年頃）：第4ブロック打設状況を示す。横継目面にコンクリートブロック積みが見える。　写真：新日鐵住金株式会社八幡製鐵所所蔵

・河内ダム（目録38）では、ダム軸方向の水平距離22・5メートルごとに横継目と伸縮継手を設け、7ブロックに分割し柱状打設とした。右ページの写真に見るように横継目はコンクリートブロックを積むことで形成され、その上流端凹部に銅板の止水板をモルタルで埋め込んだ。

・転石ダム（目録37）では、ダム軸方向の水平距離9メートルごとに20か所の横継目と鉛直止水板（伸縮継手）を設置した。止水板の下流には鉛直排水孔を設置しており、鉛直排水管に集まった漏水は着岩部付近から下流の集水桝に排水される。

石積み堰堤以外に、大峯ダムと大井ダム（↓P37）においても、同様の横継目、止水板、排水孔を設けた。

石積み堰堤の横縦目と鉛直排水孔の設置状況

転石ダム：上／縦に見える線が横継目。下／天端に鉛直排水孔が設置されている。〔K〕

本庄ダム：上／縦帯部が横継目のライン。下／天端の鋼製蓋の下には鉛直排水孔が設置されている。〔K〕

ダム雑学 ⑩

転石(ころびいし)ダム、長策(ちょうさく)先生最後の技術挑戦

転石ダム（目録37）は、海軍が1927（昭和2）年に竣工させたダムである。吉村長策（↓P46）は1928（昭和3）年に亡くなるが、晩年に佐世保(させぼ)市の家族のもとに戻っているので、転石ダムは吉村の技術指導がおこなわれた最後のダムであると考えられる。

堤体の特徴は上下流面にプレキャスト材（↓P152）を利用していることだ。当時、石材よりも安いまでに至っておらず、プレキャスト材採用の目的は全体工期を縮めることにあったと考えられる。もう一つの特徴は、下流面が巨大な城壁に見えるほど鉛直の首部が長いこと（特に左右岸側）だ。これも工期短縮上のメリットにつながっている。即ち、プレキャスト材は鉛直に積むだけで自立するので、石材間のモルタルが完全に固化しなくても内部コンクリート打設と次のリフトの石積みに移れる。石積み

転石ダム：白く見える下流面鉛直の首部が長いため、巨大な城壁のように見える。プレキャスト材を用いているが、石積みに見える。９ｍごとに横継目と鉛直排水孔を設置している。〔K〕

は高標高にいくほど水平の長さが増えるので、プレキャスト材の採用による高標高堤体の鉛直化の工期短縮効果は大きい。ちなみに、堤体形状の安定性は、上流面にも勾配をつけることで保っている。

ところで、転石ダムが建設された1925（大正14）年頃は、海外でダム技術の進展が最も大きかった時期である。当時、アメリカがフーバーダムにおけるアーチ設計検証のために堤高20メートル台の薄い実験ダム（Stevenson Creek Test Dam）を建設した。同時期フランスでも同様の規模の実験ダムが造られた。当時の海軍が貯水容量の小さい転石ダムにおいて実験的試みをおこなったとしても不思議でなく、たとえば、南洋の島や砂漠で水確保をおこなうために堤体を早く造る必要性も想像できる。

転石ダムについては、堤体形状以外に、堤体コンクリートの品質が非常に高く、半円型取水塔の漏水も驚くほど少ないが、どうして高品質の堤体を造り得たかは謎である。転石ダムの設計資料は、戦争後破棄されたためほとんど残っていない。

蛇足ながら、「転石＝ころびいし」とは不安定につながる名前であるが、フーバーダムの旧名であるボールダーダム（boulder：大きな転石）の名前と奇妙に合致する。当時世界では、世界の常識を覆す200メートルを超す巨大なボールダーダムの計画は非常に有名であったので、対抗意識による粋な名前拝借かもしれない。

城壁のような堤体形状や奇妙なネーミングは、進取精神に富んだ長策先生らしいといえる。

取水塔内部：漏水が少なく、コンクリートは健全性を保っている。鋼管のさびも少ない。〔K〕

材料費からの石積み堰堤工事費の考察

神戸市の資料『布引水源池水道施設記録誌』（２００６年発行）を見ると、当時のことがいろいろわかる。この資料を用いて材料費についての考察をおこなった。

(1) セメント

当資料に「当初工事費約20万円のうちセメント代が10万円と半分を占めた。このため、当時貴重であったセメントの使用量を減らすために粗石が積極的に混入された」とある。

信じられないほどセメント代が高い。一般的に堤体積２万２０００立方メートルのうち約３割が粗石であり、コンクリート体積は残りの１・５４万立方メートルである。これは重さ3・５万トンに相当するので、コンクリートの配合記録からその１割がセメントだったとすると、堤体で３５００トン程度のセメントが必要だったと考えられる。施工初期の１８９７（明治30）年のセメント価格は１トンあたり約30円だったので、セメント代が１０・５万円となり、資料に記されている10万円とつじつまが合う。

それにしても、当時のセメントは、現在とは桁違いの高価な物材であった。ちなみに、１９００（明治33）年の物価デフレーター*（↓Ｐ147）を１・６万倍として現在の価格にすると、セメント価格は1トンあたり30円が48万円程度に相当し、これは現在のセメント価格の40倍ほどになる。

(2)堤体（粗石＋コンクリート＋外枠石材）

布引ダム（目録1）の堤体積は2万2000立方メートルなので、堰堤（粗石＋コンクリート＋外枠石材）の立方メートル単価は、当初工事費20万円を堤体積で割り、1立方メートルあたり9・1円となる。物価デフレーター（1・6万倍）をかけると、1立方メートルあたり15万円弱となり、現在のコンクリートダムの堤体単位体積単価と比べると、かなり高いといえる。

(3)石材

布引ダムの同資料には「石材の価格は、切石が1個31銭を6006個使いで1904円、割石（わりいし）が1個17銭を3万6745個使いで6282円、粗石は1個8銭を3万5264個使いで8922円、合計1万7109円」がかかったとある。当資料では、切石1個の体積は平均0・028立方メートル（約65キログラム）である。また、粗石は堤体積2万2000立方メートルの3割に対して3万5264個使いなので、1個の体積は0・187立方メートル（約430キログラム）である。

物価デフレーター（1・6万倍）をかけると、外側の石積みに使う石材の現在の価格は、切石1個5000円、割石1個2700円となり、現在の価格と比べてかなり安い。また、堤体積の約3割を占める粗石の金額は1個1300円となり、平均体積で2尺角×2尺厚相当の大きさに比し

用語解説……物価デフレーター●物価変動分の影響を除いて、実質値の動きを見るために用いられる指標のこと。

て、ずいぶん安い。

(4)石積み・粗石コンクリート工法の経済性

(1)〜(3)をもとに1立方メートルあたりの現在単価を計算すると、コンクリートの15万円弱に対して、切石が8万5000円となり、布引ダム工事時（1897〜1900年）はコンクリートが非常に高価であったことがわかる。即ち、石積み堰堤の建設において、外側を石積みにしたほうが、型枠を用いて外部コンクリートを打設するよりも経済的であったといえる。

ただし、第一次世界大戦以降の物価高によって、大正末期以降は石工（いしく）の減少とセメント価格の低落により、コンクリートと石材の経済的な差は少なくなった。石工確保や工期短縮を考慮すると、型枠工法のほうが石積みよりも有利になることが多くなったと考えられる。

堤体工事費の比較とそこから見えるもの

(1)物価デフレーターの考え方

『日本水道史』〈第三編　上水道の施設（其二）〉、工事記録、石碑文などから、石積み堰堤15基の工事費（補償費は除く）を拾い、物価デフレーターを乗じて現在価格に換算して比較してみた。

物価デフレーターの考え方は左記のとおり。

①明治期まで遡る物価デフレーターは、1935（昭和10）年を基準の1・0にした消費者物価指数があるのでこれを使った。左下の表に示すが、日清戦争後と第一次世界大戦後に大きな物価上昇が起きていて、1925〜30年は逆にデフレが生じているのが注意点である。

②2017（平成29）年時点の1935年に対する物価デフレーターは、既往労務費年変化や江畑ダム工事費の現在価値換算例（石碑）を参考にして、8000倍とした。

③各ダムのデフレーターの反映年は施工の最盛年とした。

④布引ダム（目録1）と立ケ畑ダム（目録5）、河内ダム（目録38）と養福寺ダム（目録39）は、2ダムでの合計工事費であるので、堤体積の比で案分した。

(2) 石積み堰堤の工事費の比較

石積み堰堤の堤体積に対する現在価格工事費の算定結果は149ページの図のようになる。現在価格にして比較すると、工事費の差の意味や堤体積と

消費者物価指数（物価デフレーター）

年	1935年比
1895	0.34
1900	0.49
1905	0.55
1910	0.58
1915	0.58
1920	1.39
1925	1.3
1930	1.04
1935	1
2017	推定8000

の関係がより明確となり、現在にも通じることが見えてくる。

①比較した15ダムの相関係数（2種類のデータの関係を示す指標）はR^2＝0・9082 4と、かなり相関性が高い。

②規模が大きくなっても堤体積の立方メートルあたり単価が下がるというスケールメリットはあまり見られない。これは、規模が大きくなるのと安全性や品質の向上のための費用増が同時に起こっているためである。例として、横継目（↓P139）、排水孔、計測器、通廊（↓P37）などの設置がある。

③堤体積の立方メートルあたりに換算した現在価格工事費は、極端値を除いた平均で約16万円であるが、現代コンクリートダムの工事費の立方メートルあたり単価の相場よりも2倍程度高い。粗石を活用してもコンクリートはまだ高かったことがわかるが、おもな原因はセメントが高価だったことにある。

個別のダムについては以下のことが見えてくる。

①布引ダムは、日清戦争後の急激な物価高騰のため標準値（最小二乗法による近似値）よりも2割程度高い。一方、立ヶ畑ダムは標準的である。

②本河内(ほんごうち)低部ダム（目録3）と西山(にしやま)ダム（目録4）は、物価高と石工不足に悩まされたが、標準よりも経済的に建設された。背景として、日露戦争前で海軍からの直接供与（セメントなど）が

あった可能性がある。

③聖知谷ダム（目録6）の工事費が安いのは、韓国の物価が日本よりも安かったためと考えられる。全額が釜山居留民団の資金供与によったが、民間または政府からの直接供与があった可能性もある。

④乙原ダム（目録10）と千本ダム（目録14）は、堤体規模が小さいため、標準よりも高めの工事費となった。

⑤本庄ダム（目録12）は安いが、海軍からの直接供与（資材、労務など）があったと考えられ、これらを入れると高くなる。

⑥千苅ダム（目録18）と曲渕ダム

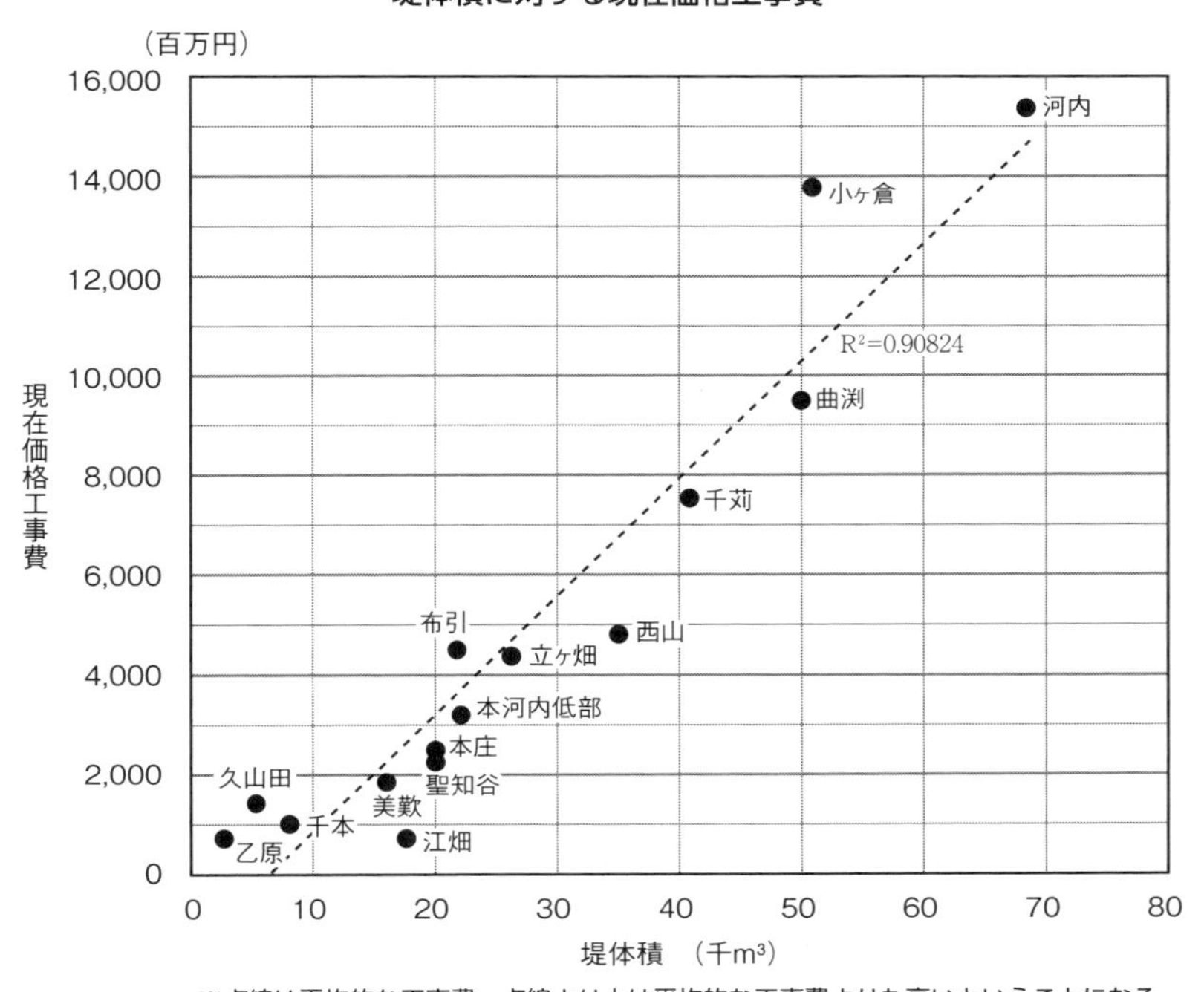

※点線は平均的な工事費。点線より上は平均的な工事費よりも高いということになる。

（目録24）は嵩上げ（→P19）前の工事費である。両ダムとも、規模は大きいが、立方メートル単価は標準的であり、それほど安くなっていない。理由として、嵩上げ後の断面で施工しているため、堤体積が若干多めになっていることが考えられる。

⑦美歎（みたに）ダム（目録23）は若干経済的に建設されたが、堤体構造が簡素であることも理由にある。

⑧久山田（ひさやまだ）ダム（目録29）は、堤体積に比べて工事費が高いが、同様の堤高のダムと比べると標準的費用である。高めの理由には、アーチ重力式に伴うセメント量増なども考えられる。

⑨小ケ倉（こがくら）ダム（目録33）は工事費が高いが、1923（大正12）年、関東大震災後の一時的な数倍の物価高によって工事費が当初の8割も高騰したと『長崎水道百年史』にある。

⑩河内ダムは華美な装飾を施しているが、1923年の物価高騰の影響も少しあるので、実質上は標準的な堤体積の立方メートル単価に収まっていると考えられる。

⑪江畑（えばた）ダム（目録46）の現地説明板には、工事費9万5548円のうち、国庫補助が4万4621円で、残りは地元負担であり、現在換算で7億円と書かれている。ほかのダムと比べてずいぶん安いが、精算書に記載されている以外の無償の地元供出（労働など）があったと考えられる。

(3) アースダム（土堰堤（どえんてい））との比較

明治・大正期のアースダム（→P312）の建設費は、水道目的国内第1号の本河内高部ダム（長崎県）が洪水吐きも含めて４万３４５８円（現在価格に直すと約10億円）であった。また、同じくアースダムの山の田ダム（長崎県）が洪水吐きも含めて23万２３２０円（現在価格に直すと約33億円）であった。

両ダムとも堤体積立方メートルあたり単価で１万７０００円程度であり、アースダムが石積み堰堤（コンクリートダム）よりも８倍程度堤体積が大きくなることを考慮しても、石積み堰堤の立方メートルあたりの平均値（前述の16万円）よりも若干安価で完成している。

ただし、ダム型式の選択時には、地質・地形条件以外に、アースダム構造は堤高をあまり大きくできないこと（現在でも30メートルがほぼ上限）、石積み堰堤は石材採取場が近いほど有利となることなども考慮しなければならない。ちなみに山の田ダムは、石積み堰堤の先駆者である吉村長策（→P46）によって設計・施工が指揮され、アースダムのなかでも最も堤高が高い部類にあるが、地質があまり良くないこと、谷幅が広いことなどの理由で、アースダムが採用された。

ダム雑学 ⑪

120年前の先進的なプレキャスト材

長崎市にある本河内低部ダム（目録3）と西山ダム（目録4）は、1900（明治33）年8月に施工を開始した。各々1903（明治36）年4月、1904（明治37）年3月竣工と、国内石積み堰堤の第3、4号であるが、下流面の外枠に、石材のかわりに世界最初ともいえそうな直方体のプレキャスト材（およそ1辺約1尺（約30センチメートル）、控え長1．5尺（約45センチメートル）のコンクリートブロックで、現在のプレキャストコンクリート製品の先駆け）を積んでいる。

ここで第1の謎は、「なぜプレキャスト材を使ったのか？」である。

従来多数意見の理由は「石積みの石材が高価だった」というものであるが、建設当時のセメントはたいへん高かったので（現在の価格でトンあたり20万～30万円）、セメントを材料とするプレキャスト材は、石材よりもかなり高い。また、本河内低部ダムの上流面は県内で豊富に産出される安山岩を使用しているので石材不足も考えにくい。「世間に国力を示すためにより高価なプレキャスト材を使った」という意見もあるが、当時の資料を読むと、日清戦争後の物価高で建設資金確保に非常に苦労しているので、国力誇示だけでプレキャスト材を使ったとは考えにくい。ちなみに、西山ダムでは上流面にもプレキャスト材を用いている。

考えられるのは、工期の短縮である。当時のダムの上下流面石積みの大半は、くさび形の割石によって造られた。しかしその場合、石積みの背面側にモルタルを詰めつつ、向きを揃えながら割石を積むことになるので手間がかかる。これに対して、切石（直方体）を使えばモルタルを間に敷きながら単純に積むだけですむ。切石は加工に手間がかかるので、切石サイズの木の型枠を用意して、なかにコンクリートを詰めれば短期間で大量のプレキャスト材を造ることができるというわけである。それに、プレキャスト材の面はフラットなので、その間に詰めるモルタルも少なくてすんだ（少し節約）。何し

ろ、当時は日露戦争前でロシアが満州に南下しつつあり、長崎は軍艦建造と修理の中心地であった。両ダムの建設において、開戦までにダム完成を間に合わせることは至上命令であった。

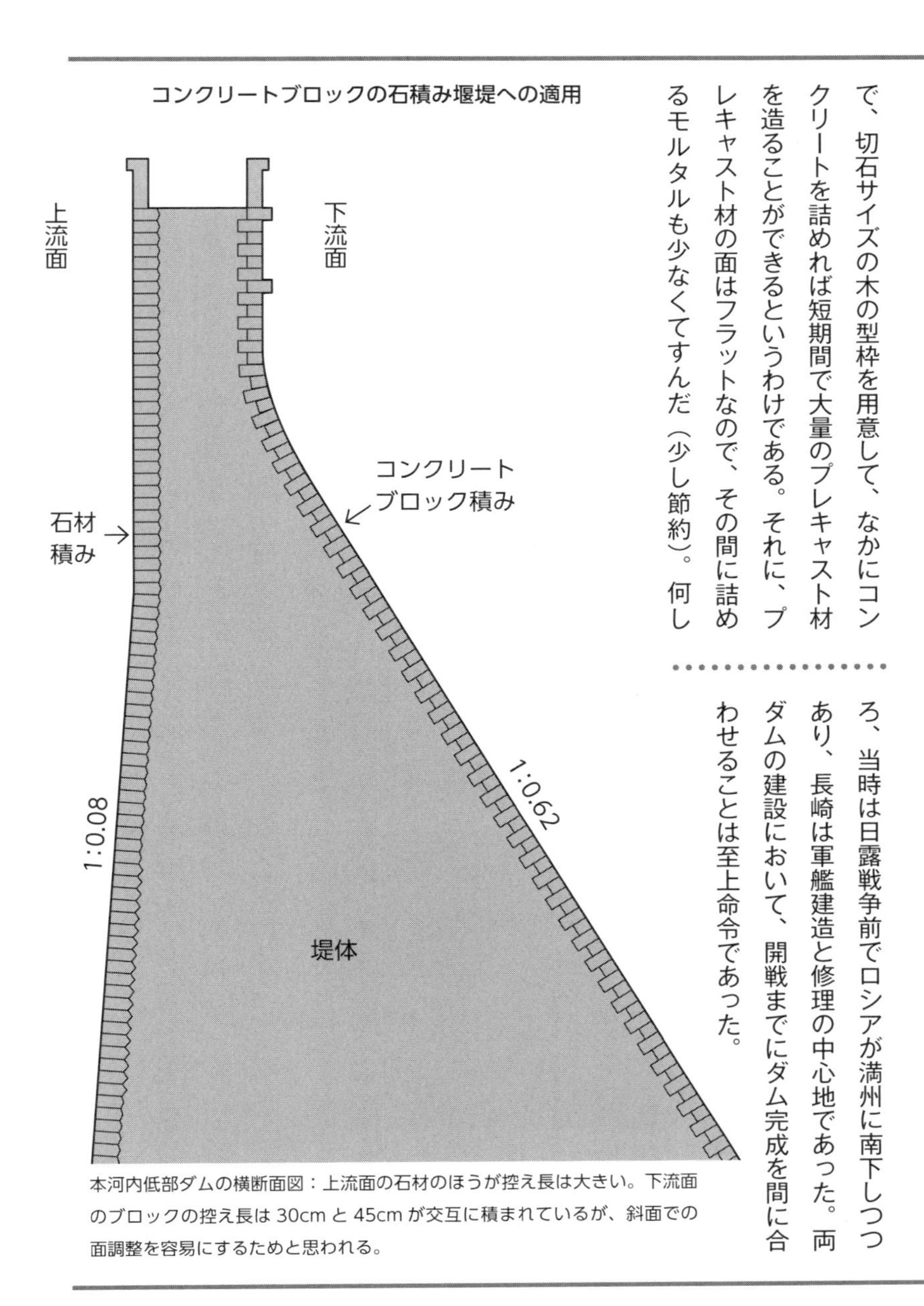

本河内低部ダムの横断面図：上流面の石材のほうが控え長は大きい。下流面のブロックの控え長は30cmと45cmが交互に積まれているが、斜面での面調整を容易にするためと思われる。

第2の謎は、「なぜ本河内低部ダムの上流面にだけに石材を使ったのか?」だが、これは工期を決定する重要な工程を縮めるという合理的考えに立っている。まず、西山ダムの堤体積は3万5000立方メートルと、本河内低部ダムの堤体積2万2000立方メートルに対して約1・6倍体積が大きいため、工期も約1・6倍近くになる。このために西山ダムでは上流面、下流面ともにプレキャスト材を用いて工期を早めたと考えられる。次に、本河内低部ダムは工程に余裕があるので、上流面にはより安価な石材を用いた。今でもそうだが、傾斜のある下流面の施工は、鉛直の上流面よりも施工が難しい。従って、手間の余計にかかる下流面施工を合理化してこそ、全体工期も短くできる。

それにしても、両ダムの設計者兼工事指揮者を務めた吉村長策(よしむらちょうさく)(→P46)は、どうしたら全体工期を縮めることができるかをよく考えたものである。

上：本河内低部ダム下流面、下：西山ダム下流面：両ダムとも布積みのプレキャスト材である。景観上は石積みに見えるが、石積みよりも寸法が揃い、整然としている。天然石よりも隙間(すきま)なく正確に「工の字」に組まれている。〔K〕

5 石積み堰堤を末長く使う

適切な改修によってダムを長く使う：上から、改修後の豊稔池ダムの航空写真（写真：安河内孝）、本河内低部ダム（写真：前田建設工業）、クリンゲンベルクダム（ドイツ）〔K〕。

現在、石積み堰堤（えんてい）の多くは、竣工後80年以上が経っている。そうしたなか、文化財としての価値が認められて、何らかの文化財指定を受ける石積み堰堤も多くなってきた。そうした高い資産評価の反面、外観上には現れていなくても、施設全体の老朽化は進んでいる。さらに、今の基準に対しては、洪水流下能力*や耐震性において安全上の不足は否めない。これらを維持管理する管理者の負担が重いことから、用途廃止で維持管理を停止したダムもある。

また、長く使うためには、洪水流下能力、耐震性、堆砂*など、現在の技術基準に合わせたうえでの機能向上や補強も考えなければならなくなってきている。

この章では、維持管理上の現状を取り上げ、石積み堰堤をいかにすれば長く使えるのかについて見ていく。また、後半では、現代技術で石積みの景観を復元した事例を紹介したい。

曲渕（まがりぶち）ダム（目録 24）：大改修を繰り返しながら石積み外観を大事に守っている。　写真：清水篤

維持管理の重要性

国内の石積み堰堤の管理者は、多いほうから市町村の水道関係部局、電力会社、土地改良区、都道府県、一般企業（製造業など）の順になる。自治体が管理するダムが圧倒的に多く、これまでも維持管理費の負担は、自治体の財政上の重荷となっていた。年数が経って老朽化が進むと、その維持管理の費用はさらに増大する。ましてや、安全性向上のための補修・補強も考慮すると、自前での維持管理はますます重たい。石積み堰堤の維持管理が段々と苦しくなっているのは、自治体以外の管理者についても同様である。

もちろん、それぞれの管理者が努力して補修・補強をしているが、その負担を減らすためには、適切な維持管理への補助制度の拡充、より効率的な貯水池運用への見直しなどを積極的に考える必要がある。その一例として、長崎方式がある。これは１９８２（昭和57）年の長崎豪雨災害（長崎大水害）を受けて考案されたもので、長崎市の水道ダムに治水機能を入れ、そのかわりに市が郊外に建設する新設ダムに水道容量を移すというものである。このことによって治水側の負担が可能となり、水道側の古いダムを管理する負担を大きく減らすことにつながった（→P300）。

欧米においても、石積み堰堤の文化財的価値は高まっている。そのような動きは日本よりも先行していて、観光地として有名となり、訪問客で賑わっているダムも多くある。それらの維持管理

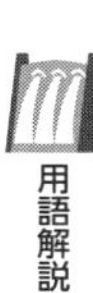

用語解説……**洪水流下能力**●川が流すことができる洪水の規模を流量で表す。
堆砂●貯水池へ流入した土砂が貯水池内に堆積すること。

は、国によって制度が異なり、まちまちであるが、日本の石積み堰堤の補修・補強の参考となることも多い。左記は、海外の石積み堰堤の管理状況について、現地訪問や文献などで調べたものである。なお、ダム数は施工年代とダム型式からの推定である（一部は石積み外観を確認）。

①ドイツ：石積み堰堤は30基以上あると考えられ、おそらくヨーロッパでは最多である。ダムは流域または州ごとに河川管理者*が管理している。補修・補強は、安全面の基準（DIN：ドイツ工業規格）に照らして、順次着実に実施している。

②チェコ：資料と写真から数えると、堤高11メートル以上の石積み堰堤が17基ある。流域ごとに河川管理者が管理している。補修・補強は、ムシェノダムが治水増強のため15年ほど前に洪水吐きを増設し、堤体止水工を実施したが、その他のダムについて今後の予定は不明である。

③イギリス：20基以上はあると考えられ、流域や地域の水道公社、電力会社などで管理されている。補修・補強は、安全面の基準（法令）に照らして、着実に実施されている。

④アメリカ：数えきれないが、日本よりもはるかに多いと考えられる。ダムは企業、市、州、国（開拓局）などによって管理されている。補修・補強は、安全面の基準（法令）に照らして、着実に実施されている。

石積み堰堤の耐久性

質の高い石材を使い目地の施工をていねいにおこなうことが前提ではあるが、石積み堰堤は優れた耐久性を有している。本書の各ダムの写真で見るように、目地の隙間に草木が一部に見られるくらいで、外観上の劣化はほとんど見られない。

下の写真は、石積み堰堤のなかで最も高所にあるイタリアのゴイッレトダム（Goillet：1948年竣工）であるが、このダムは、アルプスのチェルビーノ山（マッターホルンのイタリア名）の山中にある。高標高の冬季厳寒の地にあるが、表面が石積みであり、凍害による表面劣化は見られず、石積みの高耐久性を実証している。

用語解説……河川管理者●河川は公共に利用されるもの。洪水や高潮などによる災害の発生を防止し、公共の安全を保持するよう適正に管理されなければならない。この管理について権限をもち、その義務を負う者をいう。日本では一級河川については国土交通大臣、二級河川は都道府県知事、準用河川は市町村長と河川法に定められている。

ゴイッレトダム（イタリア、1948年竣工）：重力式で、発電とスキー場用人工雪の生成を目的とするダム。上下流面ともに石積みに劣化は見られない。〔K〕

貯水位を低くする

貯水位とは、貯水池の水位のこと。これを少しでも低くして使用するのも、石積み堰堤を長く使うための一つの方策である。

築後100年クラスの石積み堰堤ともなると、安全性の劣る古い時代の設計・施工・材料使用や老朽化によって、地震や洪水時の堤体安定性が不足していたり、堤体漏水（ろうすい）が多くなったりするケースが多くなる。このため、欧米には、老朽化を理由に貯水位を下げて使っている石積み堰堤もある。この場合、普段の空き容量が多くなり、必然的に洪水時の調節能力が高くなることから、フランスのゾラダム（→P70）のように洪水調節の機能をもたせて運用しているケースもある。

ゾラダム（フランス、1854年竣工）：当初は水道用ダムだったが、現在は貯水位を下げ、上流に位置するビモンダムの洪水における緊急放流時の調節用のダムとして役立っている。

写真：Dominique Vançon

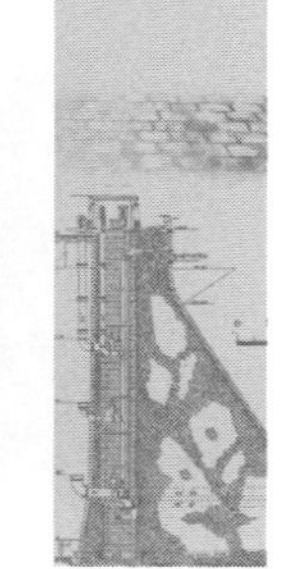

また、チェコやドイツ東部では、治水が近代ダム建設の主要目的であったことから、普段の貯水位が低い。このことが効いているのか、これらの治水ダムでは下流面での漏水痕や浸潤面があまり目立たない。一方、貯水池側はある程度ためているので、水域環境は通常のダム同様に保たれている。石積みの姿でいうと、上流面の面積が大きく増えるが、一般に雨にさらされにくい上流面の石積みのほうがきれいなので、美観上の利点は、より大きい。堆砂の問題も、水位を低くすれば対応がかなり容易となる。

このように、貯水位を少しでも低くして使用することは、荷重や漏水などの堤体への負荷を減らすとともに美観上のメリットもあるので、石積み堰堤を長く使うための一方策である。

レス・クラーロヴストヴィーダム（チェコ、1917年竣工）：治水ダムとして建設された。常に水位を下げているため、堤体上流面の石積みの美しさがいつも見える。〔K〕

堆砂への対策

土砂流入は、ダムにおいては避けがたい現象である。現代のダムでは貯水池への堆砂を見越して、100年分の堆砂容量を先取りする。つまり、ダムにたまる土砂の量をあらかじめ見込んで設計するわけだ。しかし、石積み堰堤は、建設当時に堆砂容量の考え方自体がなかったため、上流地域にある山からの生産土砂量の多いダムにおいて、堆砂は有効容量の減に直接つながる大きな問題である。

このような場合、欧米の石積み堰堤では、堆砂が進むと貯水池の水位を下げて掘る「土砂掘削」をおこなうことが多い。これは、「代替の水源がある」「ダムを使用しない時期がある」などの近傍の他ダムも含めての貯水容量に余裕がある場合に対応可能な策である。

布引ダムの上流面：堤体の下半分が堆砂を除去した跡。堆砂対策がおこなわれたので100年経過の割には堆砂は少ない。　写真：奥村組

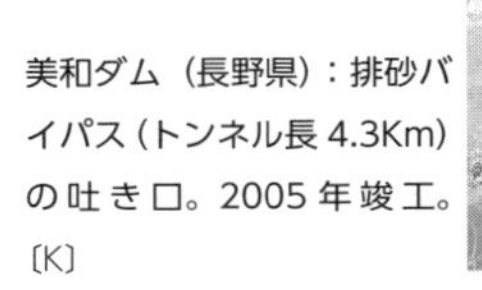

美和ダム（長野県）：排砂バイパス（トンネル長 4.3Km）の吐き口。2005年竣工。〔K〕

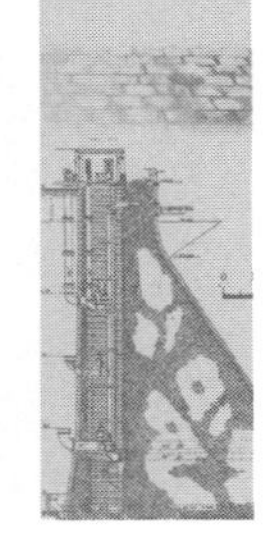

一方、日本における堆砂対策としては、貯砂ダム*による土砂流入抑制、貯水池の浚渫*などが従来おこなわれてきた。最近は美和ダム（前ページ下の写真）のように、排砂バイパスが再開発で設置される事例が出てきて、ようやく本格的な堆砂対策が始まったところである。排砂バイパスとは、上流から流れてくる土砂を、トンネルを通してダム下流へと運ぶことで、貯水池への土砂の流入と堆積を減らすものだ。

ただし明治末から大正期にかけて一時期ではあるが、先駆的な排砂バイパスがいくつか設置されており、効果的な流入土砂対策がおこなわれている。具体的には、1905（明治38）年に神戸市の立ケ畑ダム（目録5）、1907（明治40）年に同市の布引ダム（目録1）、1916（大正5）年に別府市の乙原ダム（目録10）に排砂バイパスが設置され、各貯水池にたまる土砂は激減した。

石積み堰堤にとって、堆砂対策は対応が急がれる重要な事項であるが、貯水容量に余裕の少ない日本においては、このような排砂バイパスも有望な方策である。

布引ダムの排砂バイパス

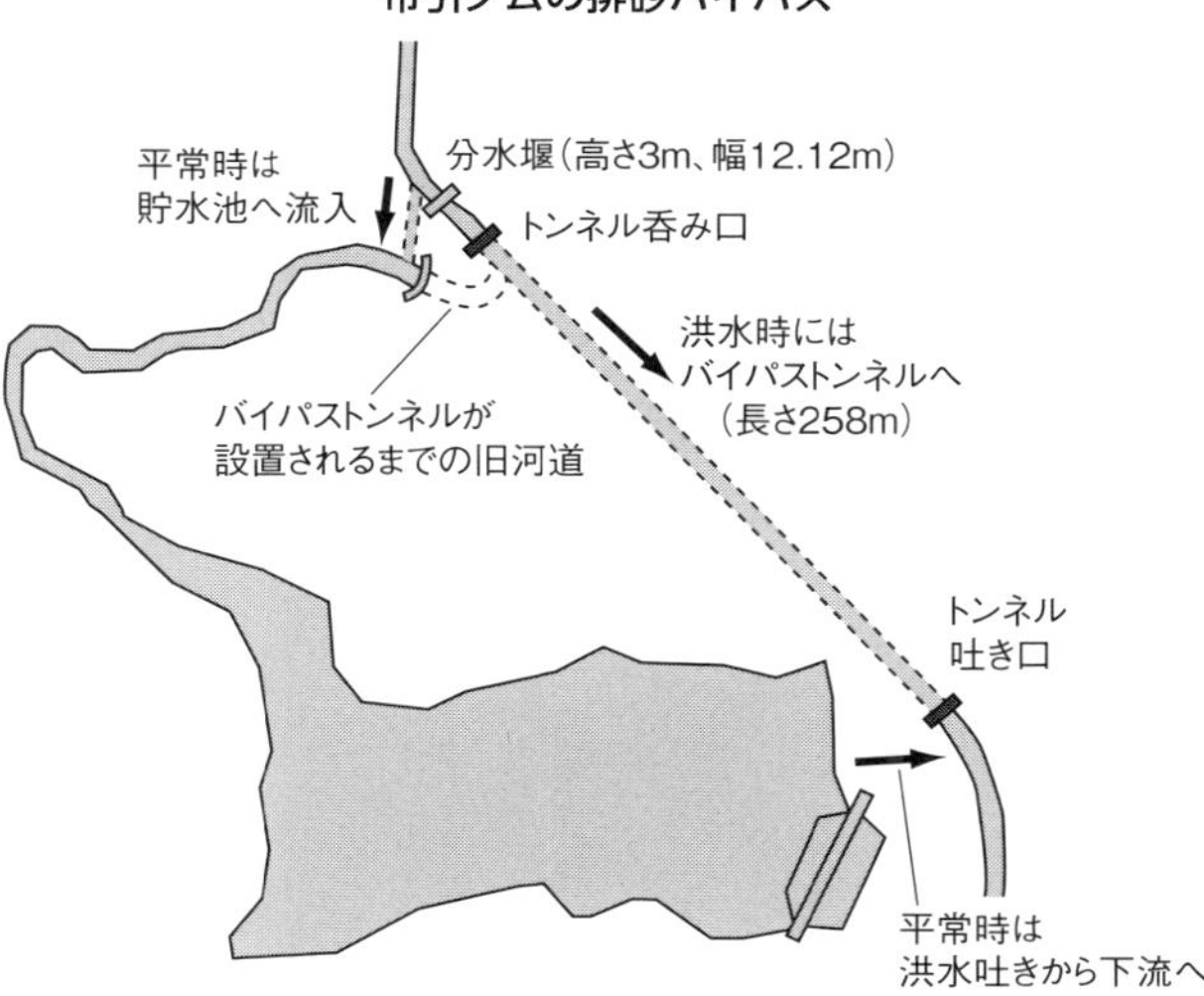

用語解説……**貯砂ダム**●ダムの堆砂を軽減するため、貯水池上流に設けた上流からの土砂を貯留するためのダム。
浚渫●河川や運河などの底面を浚って土砂などを取り去る土木工事のこと。

補修・補強して景観を残す

石積み堰堤は、建設年代が古いことから、老朽化や堆砂が進んで機能低下を起こしているダムや、洪水や地震に対する現行基準の安全性を満たしていないダムが多くある。このようなダムは、機能の回復や向上のための補修・補強が必要であるが、予算不足のため管理をあきらめ廃止したダムもある。また、幸いにも補修の予算がついたとしても、補修の工法によっては石積みの面影を失ったダムもある。

石積み堰堤が文化財として意識され始めたのは、ここ20年くらいのことだ。現在はできるだけ景観を残すような補修・補強工法が採用されるようになっている。ただし、既成の技術では対応できないことも多々あり、技術的な難易度は高い。そのような既設ダムの補修・補強の代表例を見てみよう。

美しい石積みをもちながら、管理が放棄されて草木におおわれてしまった石積み堰堤。立ち入り禁止の札（⇨部分）が空しい。〔K〕

(1) 黒部ダム（栃木県日光市）

黒部ダム（目録8）は、日本最初の発電用ハイダムであり、外側には0・1〜0・2立方メートル程度の大きさに加工した石材を布積み（↓P107）、内部には河床（川底）の玉石による粗石コンクリートを用いた貴重な石積み堰堤であった。しかし、建設後70年も経つと、22門もある洪水吐きのゲートと開閉装置をはじめ各所の老朽化が進んでいた。

このため、1987（昭和62）年から翌年度にかけて洪水吐きを中心に大規模な改修工事が実施された。この工事においては、景観保存に配慮し、越流部に新材による張石工*、門柱に化粧型枠*を採用した。歴史構造物の保全に配慮した最初の工事である。

用語解説……**張石工**●大きめの石を表に置き、その間をモルタルで埋めていく工法。

化粧型枠●コンクリート表面に模様をつける目的で表面を加工した型枠。

化粧型枠によって打設されたコンクリート面であるが、凹凸がよく表現されている。風雨にさらされる場所にあれば苔が生じて自然石の趣にさらに近づくと考えられる。

黒部ダムの石積み景観配慮の改築。〔K〕

(2)本河内低部ダム(長崎県長崎市)

本河内低部ダム(目録3)は、国内3番目に竣工した石積み堰堤だが、1982(昭和57)年の長崎大水害(↓P300)を受けて、治水容量をもたせて洪水吐きの流下能力を大幅にアップする計画となった。堤体の安定性も現行基準に合わせる必要があったため、2003(平成15)年頃の概略設計は、堤体天端を大きく切り欠いて、その上に洪水吐きを設置したうえで、上下流面を新たにコンクリートでおおって増厚する案であった。その理由は、現地が狭隘で(狭くゆとりがない)、堤外に洪水吐きを増設できる余地がないことであった。しかし、長崎県関係者は何とか石積みを残すべく国と技術協議した末に、トンネル洪水吐き案に変更した。

トンネル洪水吐きは、堤体の真下を水路トンネルが通過するもので、過去に例のない画期的なものであったが、その分、工事費はかかった。堤体補強のほうは、貯水池を空にできるので、下の図に示すように上流面は腹付け*をおこない、堤体内は止水用のグラウト*の注入をおこなった。

工事は2008年から2011年までおこなわれ、堤体の下流面及び上流面の上位標高部は元の景観のままに残すことができた。

本河内低部ダム横断面

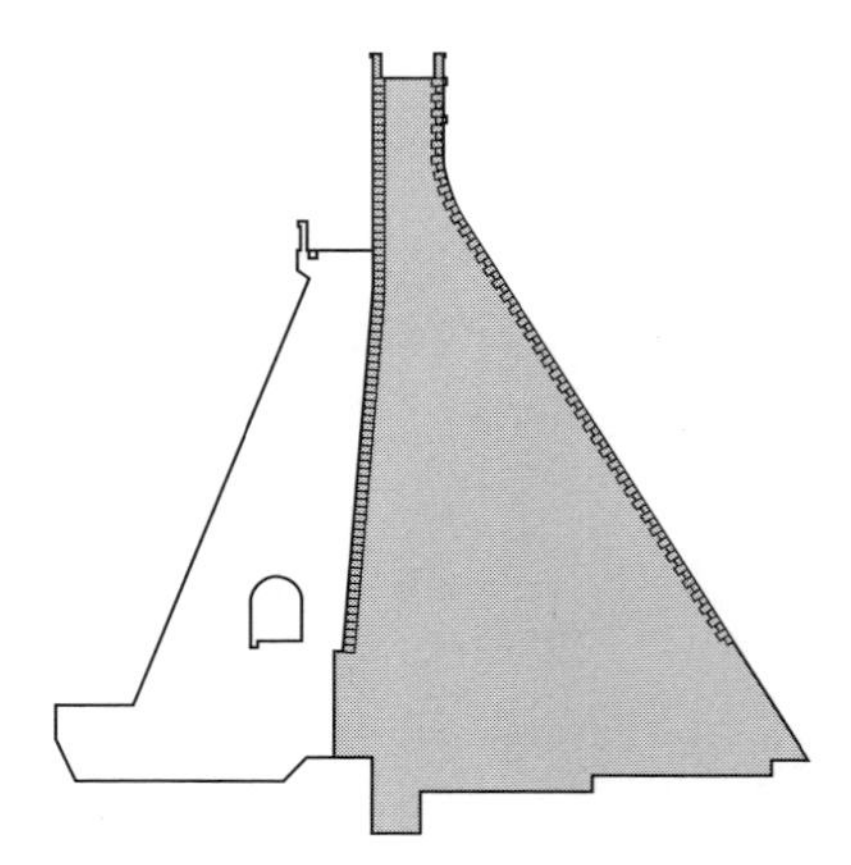
灰色が既設堤体、白色が新設部。

用語解説……腹付け●コンクリート堤体の断面の厚みを増すために、堤体の上流面または下流面にコンクリートを付ける補強工法。

グラウト●隙間などを埋めるために注入する流動性の液体のこと。

本河内低部ダムの下流側からの堤体及び減勢工。

本河内低部ダムの上流側上空からの竣工直後の堤体（⇨部分）。　写真：前田建設工業

本河内低部ダムの上流側からの竣工直後の堤体及び洪水吐き呑み口の塔。

(3) 豊稔池ダム（香川県観音寺市）

豊稔池ダム（目録44）は国内唯一のマルチプルアーチ（↓P312）で知られているが、1980（昭和55）年頃は老朽化のため漏水がひどく、構造上の安全性が脅かされていた。そのため、大規模補修が計画され、アーチ部の上流に新たにアーチを設ける案が当初有力視された。しかし、現在の景観を少しでも残したいという関係者の熱意から計画が練り直され、既設アーチと一体化して分厚いアーチとする案に変更された。このことで下流面の扶壁*にかかる荷重も増えることなく、下流面の景観はそのまま残せることになった。上流側も常時水位以上は石積みとして、景観保持に努めた。工事は1988～94年におこなわれ、アーチ増厚によって漏水及び安全性確保の問題は解決し、下流面の景観も元のとおり保全された。

豊稔池ダム下流側の景観は保全された。

写真：安河内孝

豊稔池ダム堤体の上流面：補修工事竣工。

写真：香川県

(4)クリンゲンベルクダム（Klingenberg：ドイツ・ザクセン州）

クリンゲンベルクダムは建設後100年が経ち、堤体、放流・取水設備などがかなり老朽化していた。2002年にエルベ川の氾濫でドレスデンなどの下流域が大きな被害を受けたが、上流にある当ダムも設計洪水量を75パーセント超す大洪水があり、甚大な被害を受けた。ドイツ国内の推奨技術基準に合わせるべく、2005年に補修・補強のための調査が始まり、実際の工事は2009年にスタート。2013年にダム周辺まで含めた工事は完了した。

工事の内容は以下のとおりである。

①3・3キロメートルの仮排水路トンネルの建設。

用語解説……扶壁●構造物本体を構成する主壁に対して直角方向に突き出して設けられた補強用の壁。

クリンゲンベルクダム：改修前（上）
写真：ドイツ大ダム会議

改修後の様子。〔K〕

②洪水吐き能力の強化（最大可能洪水量を満たす）。
③堤体内での通廊（↓P37、トンネルの形となる）の新設（堤体掘削による）。
④堤体の一新（止水、計測設備）。
⑤取水放流設備の設置。
⑥上流での新設ダム建設。

このように、古いダムが最新機能に更新されながら、その姿は100年前の姿によみがえった。ドイツにおけるダム再生とは、Refurbishment（リファービッシュメント）（磨き上げて一新する）という意味合いが強い。ドイツの大ダム会議が勧める既設ダムの補修・補強である（↓P93、国際大ダム会議）。

クリンゲンベルクダム：左岸端部への洪水吐きの増設。〔K〕

クリンゲンベルクダム：上流面腹付け。
写真：ドイツ大ダム会議

現代によみがえる石積み風のダム

石工（いしく）の減った現在、石積みを堤体で再現することはきわめて難しい。しかし、現代の技術を使うことで、経年的に風格を増す石積み風の景観とすることは可能である。施工後15年以上経って、このことを実証した三つのダム（いずれも沖縄県）と二つの堰（せき）について見ていきたい。

(1) 座間味（ざまみ）ダム（沖縄県）

座間味ダムは、沖縄県座間味島に1989（平成元）年に竣工した、県営の多目的ダムである。

国内で初めて、発泡スチロールを使った化粧型枠（→P165）を用いて、石積み模様を再現した。化粧型枠は、従来の鋼板面に発泡スチロールを貼り付けたものである。化粧型枠のおもな模様は、首里城（しゅりじょう）の城壁の相方積み（あいかたづみ）*を模している。年月を経ても、下流面の模様は程よく保たれ、石

用語解説……相方積み●石を多角的に加工し、たがいにかみ合うように積む技法。

化粧型枠の取り外し及び仕上げの工事状況。
写真：座間味ダム工事誌

上：座間味ダムの取水塔（竣工15年後）。
写真：沖縄県

積み景観の自然度は増している。

(2) 漢那ダム（沖縄県）

漢那ダムは沖縄県宜野座村に1992（平成4）年に竣工した沖縄開発庁の重力式の多目的ダムである。

発泡スチロールを使った化粧型枠を用いて石積み模様を再現した、2番目のダムである。下の写真はいずれも竣工後25年が経過したものだ。

(3) 金城ダム（沖縄県那覇市）

金城ダムは首里城近くに2001（平成13）年3月に竣工した県営の治水ダムである。

堤体の下流面と上流面に石灰岩の板を張り、首里城の城壁を表現してい

漢那ダム下流面：高欄が石積み風で再現されている。〔K〕

漢那ダム放流状況：洪水吐き右手が石積み風である。

写真：内閣府沖縄総合事務局北部ダム統管事務所

化粧型枠で仕上げたコンクリート表面は一見、石材に見える。〔K〕

取水放流設備の上屋は石積みの塔に見える。〔K〕

金城ダム：竣工時は真っ白であったが、15年経って風格が増した。〔K〕

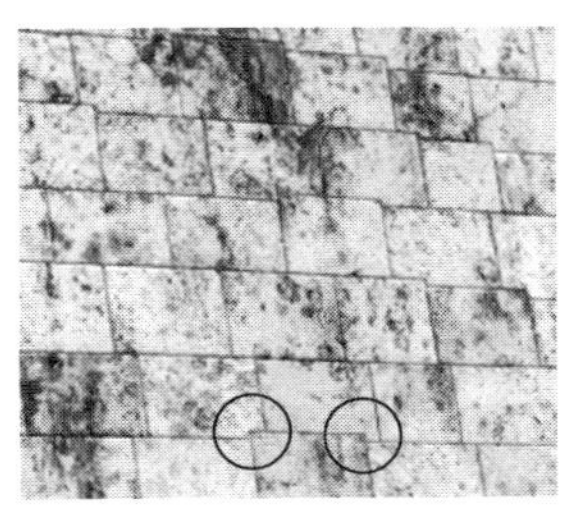

上流面の拡大：変化に富む表面。○部の切り込みは、横ズレを減じる効果がある。〔K〕

上流面は鉛直で雨にさらされにくいため、より白い。きれいな布積み模様である。〔K〕

左：金城天端道路、中：洪水吐き擁壁（ようへき）、右：減勢工。カビで黒い斑状（まだら）になっている。〔K〕

る。前ページの写真は竣工後15年が経過してのものである。工事誌に以下の記述があるが、景観を改善するうえで、事前に相当な検討をおこなっていることがわかる。

堤体の修景*にあたっては、ダムが本来有している威圧感を利用し、城壁をイメージした修景をおこなうこととした。その方法としては、南部石灰岩の布積みを模した修景を石張りによりおこない、「歴史の街」首里に調和させた。

①石の大きさ

首里城の城壁の石は大きなもので５００×８００ミリメートル内外のものが使用されている。

金城ダムでも、上下流面においては、首里城城壁と同程度の大きさの石が適当であると考えられるため、張りタイプの板石（薄く平たい板状の石）の加工限度である５００×８００ミリメートルを使用することとし、石の張り方は布積みとした。

②石厚（耐久性から見た石厚）

県内の墓石等から、南部石灰岩の劣化（汚れの深さ）は50年程度で1～2センチメートル進行すると考えられ、石厚５センチメートルの場合は石の耐久性として１００年以上が得られる。

③表面処理

ハツリ仕上げ*は石面にノミ跡による凹凸が残り、施工直後から石張り面に表情が得られるが、その凹凸のために汚れがつきやすい。一方、ビシャン仕上げ*は、石面の凸部がつぶされ比較的平滑な面が形成され、施工直後の表情は平坦なものになる可能性があるが、汚れはつきにくい。施工性や経済性を加味して評価すると、ビシャン仕上げの方が良いとなった。

『金城ダム工事誌』「石造り修景」の章より

(4) 鳴鹿大堰（福井県）

九頭竜川の鳴鹿大堰は、江戸時代に建設された石積み旧農業堰（2003年竣工）に治水機能を加えて造り直した堰であり、福井平野の扇の要に位置する。堰柱（水門のゲートを支えるために、その両側に設けられている柱）は、堰の名称ともなっている鳴鹿の「鹿」をイメージしたもので、石積みを用いて景観に配慮した風土工学デザインとしている。石材は中国産の花崗岩を用いて曲線の多い堰柱躯体に合わせて積まれており、「工の字」状の布積み（→P107）である。魚道（魚専用の通路）の練石積み（→P109）と相まって、年を経るごとに風格をもたらしている。

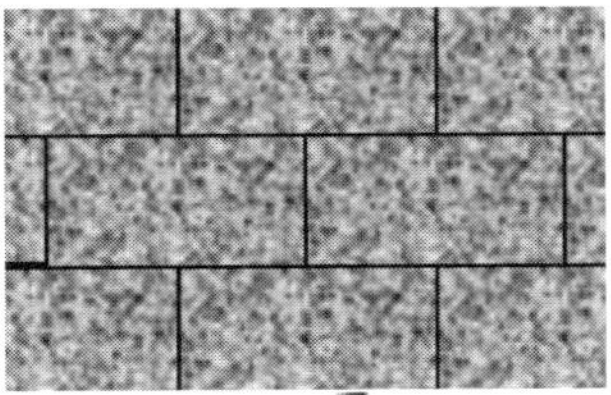

「工の字」状の布積み。

鳴鹿大堰（竣工12年後）。写真：竹林征三

用語解説……**修景**●自然の美しさを損なわないように景観を改善すること。
ハツリ仕上げ●ノミなどの削り道具を使い、手作業で模様をつけていく仕上げ。
ビシャン仕上げ●ビシャンと呼ばれる石工用ハンマーで表面を平らにたたき上げる仕上げ。

(5) 大河津分水路洗堰（新潟県）

信濃川の大河津分水路の洗堰*は、1922（大正11）年に建設された堰（鉄筋コンクリート造り）が老朽化し、2001年にそれを造り直したものである。当地が桜の名所であることから、周辺景観との調和を考え、堰の表面仕上げに、桜色の花崗岩（中国産御影石）が使用されている。また、御影石をパネル化し、コンクリート打設時の型枠兼用とすることで、施工費のコスト縮減と施工の安全性を確保した。型枠パネルでも年を経るほど風格を増すが、使用面積が広い場合、パネルの継目が目立たないようにするのが難しい。

用語解説……**洗堰**●常に河床を洗うように豊かに流れる堰の古称。

大河津分水路洗堰（竣工11年後）。〔K〕

工場で石張り状の石材パネルを製作。〔K〕

現地で型枠としてパネルを設置。〔K〕

6 石積み堰堤の美

上田池（こうだいいけ）ダム（兵庫県）：国内最大級の石積み堰堤の越流。　写真：安河内孝

石積み堰堤の外面は、石材による一様でない輝きがあり、自然の風化から装飾による美しさまでさまざまな様相を呈している。その風格は年を重ねるほど増し、まさに風土千年の文化財にふさわしいものも多い。同時に技術上は、ダムのみならず現在のコンクリートによる大型構造物の建設技術につながる重要な過程となっている。

これらの文化的価値と技術的意義に鑑み、現在、石積み堰堤の多くが、日本の近代化の歴史を示す重要かつ美しい土木資産として、重要文化財、登録有形文化財などに指定されている。ちなみに、石積み堰堤の美とは、その堤体の美しさとともに「用」と「強」の揃ったトータル性の美でもある。

本章では、石積み堰堤の「石積み形状、装飾、取水塔、天端、越流、石碑」などについて記すとともに、海外のダムと比較して日本のダムがもつ「美」の独自性を見ていく。

下流面の美

石積み外観の趣は、ヨーロッパの城や大聖堂のそれと同じであり（日本の城の石垣とも共通している）、石積みの妙によって「美」が演出されている。

石積み形状は、布積み、谷積み、乱積みと多様であり（↓P107〜109）、加えて上流面の鉛直における整然とした石積み、流下面の石の凹凸など、どれだけ見ていても飽きない。また、下流面の頂部の鉛直面から下流面勾配になだらかに擦りつけた寺勾配（↓P99）は工学的に計算されたものだが、熊本城の石垣の反りに

河内ダム下流面：天端、堤体、取水塔と石積みの大きさや加工の違う独創的な調和を有する。堤体石積み面は石の表面が飛び出た粗い野面とし、単調にならないように工夫されいる。〔K〕

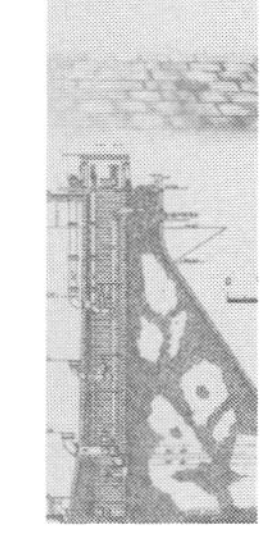

も似て美しくかつ力強い。

　ここでは、独創的な石積みの美を見せる河内ダム（目録38）、谷積みの草分けといわれる千本ダム（目録14）ほか、布積みの本庄ダム（目録12）、立ケ畑ダム（目録5）、江畑ダム（目録46）を紹介したい。いずれも第7章でさらに詳しく取り上げている。


熊本城の石垣。〝武者返し〟と呼ばれ、忍者でさえも登ることができないといわれている。

（写真は2016年熊本地震で被害を受ける前のもの）

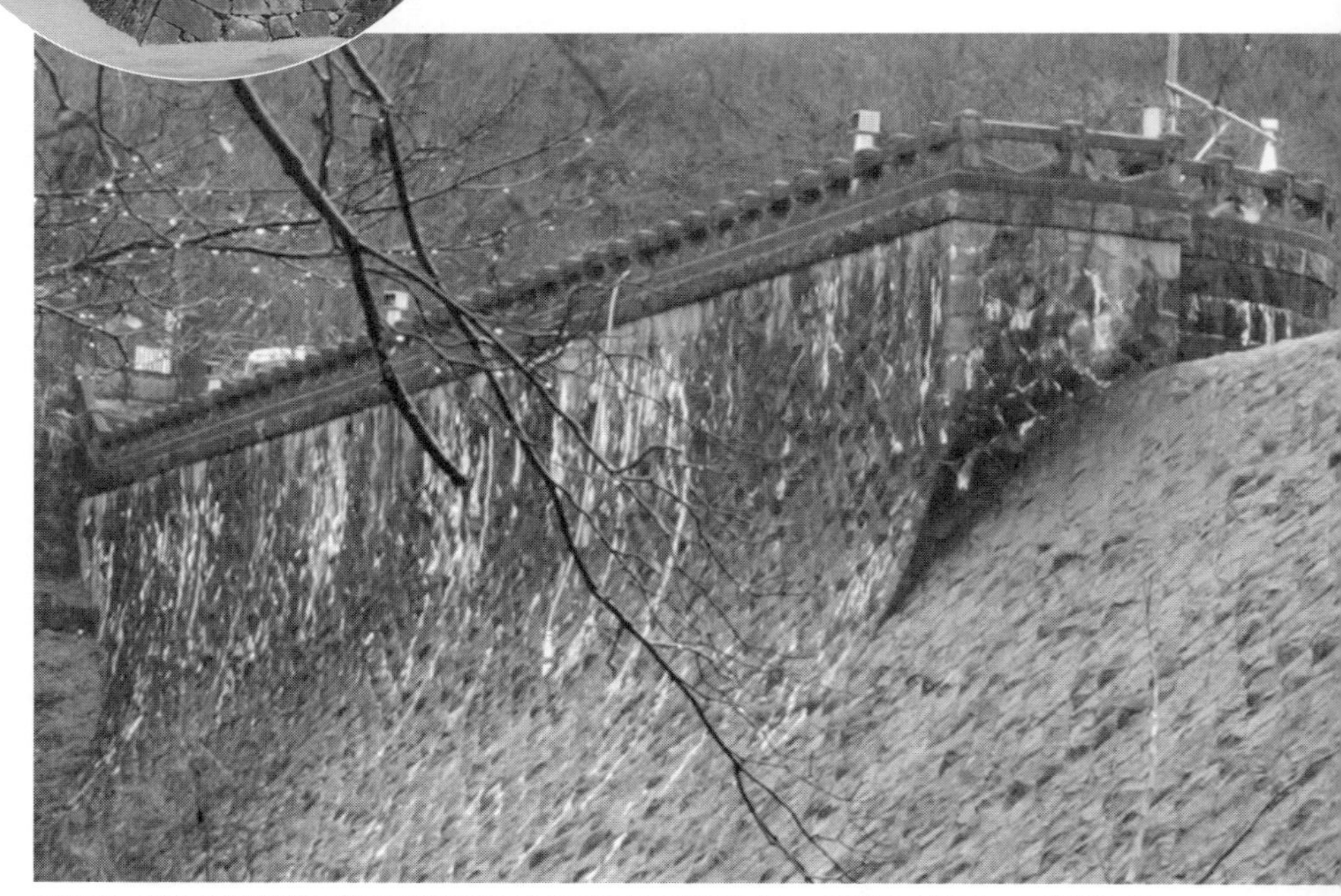

千本ダム：堤頂の非越流部の側面をどう見せるかが景観上の重要点である。越流の工夫によって導流壁（越流部と非越流部の境界の壁）をなくしたことがすっきりした側面外観につながっている。〔K〕

本庄ダム：高標高の白さが際立つのは、天端の張り出しの効果である。縦帯の目地や中下位石積みの黒さは戦時中の墨塗りの名残だが調和している。滲みや遊離石灰（→ P293）が非常に少ない。〔K〕

江畑ダム：布積みでていねいに施工されており、石材及び目地部の劣化は少ない。〔K〕

立ヶ畑ダム：鉛直の白い堤頂部が長く、気品にあふれている。天端下 2.7m は 1914 年におこなった嵩上げ部である。石積みは正確に布積みで置かれている。中央越流部の門柱にも凝ったデザインが見られる。〔K〕

石装飾の美

石積み堰堤は、装飾的にも優れたものが多い。視点の上で最も目立つ堤頂部の処理が、石装飾を見るうえでの重要ポイントとなる。

多く見られるのが、天端の高欄（手すり）を下流側に前出しするケース。これは、降雨の汚れを防ぎ、頭部の石材の白さを保つことで景観上のアクセントとなっている。本河内低部ダム（目録3）のように、歯飾り*（デンティル）風にブロックを少し前にずらすだけで装飾化する。ほか、転石ダム（目録37）、本庄ダム（目録12）、河内ダム（目録38）、布引ダム（目録1）、小ケ倉ダム（目録33）のそれぞれの装飾美を取り上げてみた。

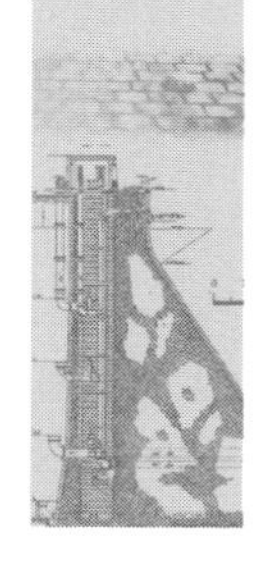

本河内低部ダム下流面：頂部の歯飾り（デンティル）が美しい。全体がコンクリート製だが、石材に近い美となっている。〔K〕

転石ダム下流面：整然と積まれたコンクリート材石積みと装飾されたコンクリート高欄の調和。　写真：江田島市

用語解説……歯飾り●堤頂付近の石材を水平にならべるときに間欠的に突出させることで歯形模様を浮き出させる装飾技法。

河内ダムの高欄下流面：石片をていねいに練り積みして独特の美しさを編み出している。〔K〕

本庄ダム頂部：形状、色、構造を変えて縦帯と組み合わせた装飾は世界級の美。〔K〕

布引ダム：整然と積まれた石材表面の変化が美しい。上位（写真中央の列）の歯飾りは有名。〔K〕

小ヶ倉ダム：徳山御影石（みかげいし）を用いた「角」を強調した装飾で重厚感を出している。〔K〕

このページの写真は、ヨーロッパの石装飾である。石造建築物同様のさまざまな様式の装飾が施されている。天端の石積み高欄に見られる親柱（おやばしら）*風のアクセント、高欄下の笠石（かさいし）*のはね出し、越流部のアーチ橋と門柱の形状、下流面石材表面の凹凸（乱反射）、控えめの導流壁など、景観の美しさを考えるうえで大いに参考になる。

レス・クラーロヴストヴィーダム（チェコ、1917年竣工）：ダムを単なる機能で考えずに、チェコの城と石垣をイメージしている。〔K〕

パジツォフダム（チェコ、1913年竣工）：最標高部に複雑な装飾を施している。〔K〕

用語解説……**親柱**●高欄の両端や曲がり角に立つ太い柱。**笠石**●手すりの上部に置く石。

ラガンダム（イギリス、1934年竣工）：堤体はマスコンクリートだが、取水塔と天端高欄に石積み装飾を採用している。〔K〕

クライルエンダム（イギリス、1952年竣工）：竣工時は女王陛下がお祝いのスピーチをここでおこなった。左右の放流塔には細密な石造装飾が施されている。〔K〕

クレイグゴッホダム（イギリス、1904年竣工）：ヴィクトリアン様式の装飾に凝ったダムとして有名。アーチ形状をなす堤体は、夕陽を受けて石積みが黄金色に輝く。〔K〕

上流面の美

石積み堰堤の上流面は、下流面よりも大きな石材を使う場合が多いことや、鉛直に近いので雨による汚れが少ないため、下流面よりくっきりした石材形状を見られることが多い。

普段は水面上にある部分しか見えないが、水位が下がれば下の写真の立ケ畑(たちがはた)ダム（目録5）や桂ケ谷(かつらがたに)ダム（目録27）のように、取水塔の下部の取水管も見ることができる。

立ヶ畑ダム：白い色調の花崗岩が美しい布積み。2.7m 嵩上げ時の継目は目立たない。〔K〕

桂ヶ谷ダム：かなり高度な谷積みである。取水塔の上屋(うわや)と高欄の模様が美しい。〔K〕

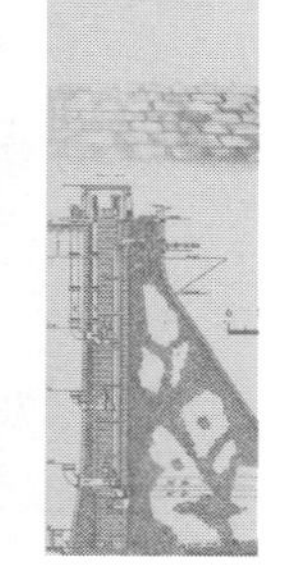

本河内低部ダム（目録3）：歩廊から、凹凸が大きく迫力ある安山岩布積みを見ることができる。〔K〕

山田池ダム（目録52）：洪水吐き流入部の曲線石材とその上の橋梁部の凝ったデザインが美しい。〔K〕

江畑ダム（目録46）：天端高欄と取水塔上屋がコンクリートだが、堤体の少し大きめの布積みと合っている。〔K〕

河内ダム（目録38）：横越流頂と橋梁に曲線形を採用。布積みの堤体と高欄と鉄柵の組み合わせが美しい。〔K〕

重要な取水塔のデザイン

取水塔は、堤体全体からすると局所的な施設といえるが、石積み堰堤の景観上の重要点であり、装飾上のさまざまな工夫がなされている。

まず取水塔下部であるが、国内石積み堰堤の取水塔は、堤体付属の半円形のものが大半を占める。これは、剛性*の高い堤体に取水塔をもたせたほうが経済性や耐震性に優れるという合理的な理由からである。この場合、堤体と連続して取水塔下部の石積みが半円局面で構成される。

本庄ダム：石積み灯ろうのような取水塔、広い庇（ひさし）が特徴的。〔K〕

千歳第４ダム：大きな木造倉庫風。内部に大量取水用の開閉機器が並ぶ。手前の発電所の屋根と調和している。〔K〕

上屋については、本庄ダム（目録12）や千歳第4ダム（目録17）のように和式を思わせる建築、立ケ畑ダム（目録5）のようにアールデコ調な建築、乙原ダム（目録10）や桂ケ谷ダム（目録27）のように大正期の郷愁を感じさせる建築、重厚な河内ダム（目録38）などがある。ただし、上屋がないものが多数を占めるというのも事実。通常では、これらの取水構造は簡単な多孔式であり、天端にはバルブ操作用の引き出し棒がバルブの数だけあればよいという理由による。総じて、日本の取水塔は装飾が少なく地味である。

一方、欧米では円型の独立取水

用語解説……剛性●物体に外から力を加えて変形しようとするとき、その変形に対する抵抗する性質。変形しにくいことを剛性が高いという。

桂ヶ谷ダム：取水塔の上屋は凝った装飾による煉瓦造りである。〔K〕

立ヶ畑ダム：大正期に流行したアールデコ調の洋風建築。石板には英語で関係者を刻銘。〔K〕

河内ダム：大小の石材を組み合わせた、複雑にして重厚な美をもつ。〔K〕

乙原ダム：トンガリ屋根と赤い煉瓦が洒落ている。〔K〕

塔となっているものが多い。これは、堤体と独立して施工できる、より多量の取水ができる、などの理由が大きいと考えられるが、取水塔を景観上のポイントとして、より重要視していることもある。イギリスのヴィルンウィーダムの取水塔は、おとぎ話に出てくるお城のようである。ハルツォフダム（チェコ）やカレグ・ジダム（イギリス）、ムシェノダム（チェコ）の取水塔は、その美しさで有名だ。ちなみに村山貯水池（東京都）の取水塔はカレグ・ジダムのデザインをまねてつくられ１９２５（大正15）年に竣工した。

カレグ・ジダム（イギリス）：村山貯水池（右上）の取水塔の設計の範となっている。〔２枚ともK〕

ヴィルンウィーダム（イギリス）：古城の尖塔を模した外観で童話の世界を思わせる。〔K〕

ムシェノダム（チェコ）：背の高い丸屋根の円筒形取水塔は、幅の広い天端歩道上の景観ポイントになっている。〔K〕

ハルツォフダム（チェコ）：小型ダムだが、取水塔が景観上のポイントとなっている。〔K〕

天端道路と高欄

ダムの天端道路は、見学者からするとダムの印象を最初に決定づける重要ポイントであり、取水塔が景観上のアクセントとなる。維持管理や景観の点では道路は広いほど良く、本庄(ほんじょう)ダム（目録12）や上田池(こうだいけ)ダム（目録51）の幅員(ふくいん)は広い。しかし、国内の石積み堰堤の天端は、幅2〜3メートルと狭いものが大半であり、軽自動車が1台通れる程度の幅である。

一方、欧米の大半のダムの

本庄ダム：国内ダムで例外的に広い天端。高欄の壮麗な笠石（→ P185）が欧州風の印象を与えている。〔K〕

上田池ダム：天端は広く、6連アーチ橋の四隅にある背の高い親柱（写真左）と、市松模様風透かしの入った高欄（写真右）が特徴的。　写真：清水篤（左）、安河内孝（右）

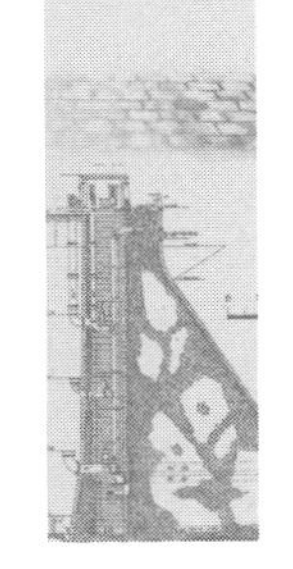

天端幅は5メートル以上が多く、日本の2倍程度は広い。天端まで機械施工（軌条など）が採用されたことから、天端幅も広くなったという背景がある。

天端の左右端には、歩行者の安全などのために手すりが設けられている。これを天端高欄と呼ぶ。国内外ともに、高欄が柵だけのもの、高欄壁に空きのあるものが多い。これは、万が一の越流時に余計な水圧が堤体にかからないという効用がある。足元にも開放感を与える。

河内（かわち）ダム（目録 38）：歩道敷石、高欄、鉄製の手すりが絶妙のバランスで配置されている。〔K〕

曲渕（まがりぶち）ダム（目録 24）：1992 年の再開発で天端幅を広げた。高欄や親柱（→ P185）、舗装は竣工時のものに復元している。〔K〕

布引(ぬのびき)ダム（目録 1）：天端幅は 3.6m と当時にしては広く、車両による管理がしやすい。御影石の厚い高欄は豪華さをあたえている。〔K〕

江畑(えばた)ダム（目録 46）：路床の乱れのない大石畳は見事。コンクリート製の長尺高欄と下部のアーチ連続が心地よい。〔K〕

小ヶ倉(こがくら)ダム（目録 33）：天端幅が狭く車は入れない。高欄の笠石はプレキャスト材を用いている。〔K〕

西山(にしやま)ダム（目録 4）：プレキャスト材（→ P152）の高欄。床石の寸法が大きく重厚感を与えている。〔K〕

クリンゲンベルクダム（ドイツ）：上流面腹付け後に一新されたが、舗装、高欄などすべてが石材で復元された。〔K〕

ヴィルンウィーダム（イギリス）：巨石使用による重厚な景観をもつ。当初から天端幅はバスが対面通行できるほど広い。〔K〕

石材と目地の織り成す表情

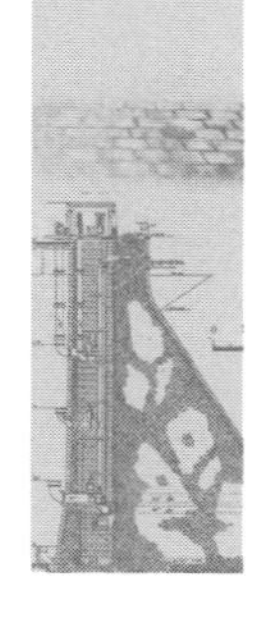

石積み堰堤の外枠にあたる石材は、モルタルを目地（継目）に詰めて固着することで、堤体を一体化させ強固にするとともに、止水性を向上させることができる。このため、石積み堰堤の目地はていねいに施工される。整然と交錯する目地は石材の美しさを浮き立たせ、両者の織り成す表情は、石積み堰堤の局所的な美の極みである。以下にいくつかの石積み堰堤の事例を示す。

石積み堰堤における石材と目地（年代順）

立ヶ畑（たちがはた）ダム（目録5）、1905年竣工。〔K〕

本庄（ほんじょう）ダム（目録12）、1916年竣工。〔K〕

千本（せんぼん）ダム（目録14）、1918年竣工。〔K〕

小ヶ倉（こがくら）ダム（目録33）、1926年竣工。

猪ノ鼻ダム（目録 53)、1933 年竣工。

河内ダム（目録 38)、1927 年竣工。

御所池ダム（目録 62)、1939 年竣工。

豊稔池ダム（目録 44)、1930 年竣工。

見坂池ダム（目録 65)、1946 年竣工。

江畑ダム（目録 46)、1930 年竣工。

成相池ダム（目録 68)、1950 年竣工。

上田池ダム（目録 51)、1932 年竣工。

写真：立ヶ畑、本庄、千本ダムを除き、安河内孝

越流の妙

日欧米に共通して、ダムエンジニアの先人たちは、ダムの洪水時の減勢に大いに工夫を凝らすとともに、越流自体に大きな美を見出していた。国内の石積み堰堤には、こだわりの多い越流形状をもつものが多い。堤体付属型洪水吐き（→P111）としては千苅ダム（目録18）や千本ダム（目録14）での全面に近い越流の迫力、分離型洪水吐きにおいても本庄ダム（目録12）や転石ダム（目録37）におけるカスケード式（小さい滝が連続する）の流下など、越流時の洪水吐きに見るべきダムは多い。平時は越流状況を見ることはできないが、凹凸のある石積みの下流面を眺めて、洪水時の迫力ある白波を想像するのも味わい深い。

千苅ダム（堤体付属型）：石材表層の凹凸で白波を立てながら流下する、堤趾で側方流とぶつかり減勢する。
写真：安河内孝

本庄ダム（堤体分離型）：正確には分離型ではなく、洪水が貯水池に入らないようにした堤体脇の河川水路。10段ほどの連続滝状の階段を流下する迫力ある減勢が見られる。〔K〕

転石ダム（堤体分離型）：カスケード式の流下。白い波が減勢を物語る。〔K〕

越流頂から流下する水は途中で減勢されるほど有利だが、流下時に石の凹凸にあたって分厚く白波の立った流下面は、石積みで複雑な表面だからこそできる減勢効果である。現代の越流頂及び流下面の平滑・単純化されたコンクリートダムでは、この分厚く華麗な白波はなかなかつくり出せない。

左ページの上田池ダム（目録51）に見られるように、越流時に流れ下る水の白く立った波と、複雑な合流を重ねてしなやかに減勢に至る水流の様は、用・強を追求した合理的な美なのである。

白水ダム（目録58）：有名な白波の全面越流。構造が、複雑ななかにも整然とした流水は、意図された減勢効果を生み出す。〔K〕

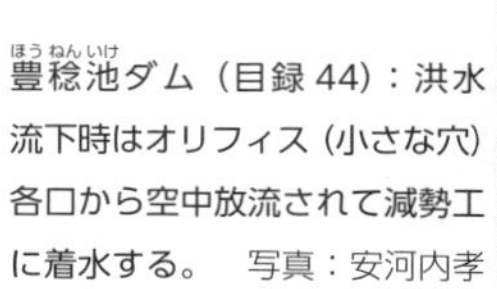

豊稔池ダム（目録44）：洪水流下時はオリフィス（小さな穴）各口から空中放流されて減勢工に着水する。　写真：安河内孝

上田池ダム：越流時の下流面。右岸側からの段差流によって複雑に減勢される越流水。　写真：安河内孝

上田池ダム：石材表面の凹凸が落水のエネルギーを減じて白い波を生む。　写真：安河内孝

碑文は語る

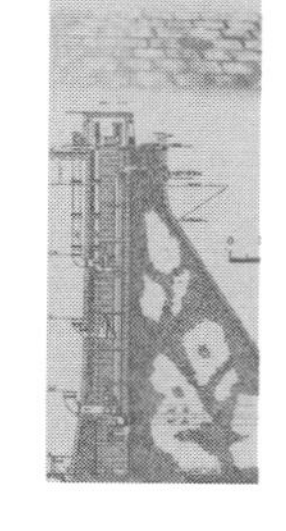

近代においてダムは重要な地域資産でもあった。この時代のダム周辺には石碑が多く設置されていて、いっそう風格を醸し出している。それらの石碑は、堤体表面の石積みと調和して格調高いものが多い。なかには、久山田ダム（目録29）のように設計者の功績が記されている石碑もある。

これらのダムの入口には中国の古典などに因む語句が刻まれた銘板が埋められていることが多い。本河内低部ダム（目録3）の「水旱無増減（大水や旱魃でも増減しない）」、立ケ畑ダム（目録5）の「養而不窮（民を養って窮しない）」、千苅ダム（目録18）の「人助天（天の力が及ばぬなら、人が天を助けよう）」、曲渕ダム（目録24）の「天源豊（天は豊かさの源なり）」、河内ダム（目録38）の「風雨龍吟（龍吟ずれば風雨来る）」など、どれも味わい深い。いずれも水道用ダムであるが、関係者の喜びと意気揚々とした様子が想像できる。

これに対して、治水で有名な大河津分水路（→P176）の可動堰竣工石碑の「万象に天意を覚る者は幸なり」（1931年）の文意は、自然に対して謙虚な姿勢である。ダムにおける銘板の最初は、長崎市の本河内高部ダム竣工時（1891年）であり、有栖川宮からご真筆の「龍瓶」が下賜されている。「龍瓶」は、その後さまざまなところで刻まれた。

一方、欧米の場合、情緒的な石碑よりも主要技術者の氏名と役割を記したものが大半で、これによって事故時の設計責任が誰にあるかということが明白である。有名なものが、イギリス・ヴィルンウィーダムの左岸にある石碑だ。１８８１年（当初建設前）、１９１０年（改築前）、１９３８年（再改築前）の３連の石碑が据えられ、銅板に当時の関係者の氏名と役割が記されている。死してもなお設計・施工の責任は我にありとするエンジニア魂である。

久山田ダム：関係者の功績が記されている。〔K〕

本河内低部ダムの「水旱無増減」。〔K〕

立ヶ畑ダムの「養而不窮」。〔K〕

千苅ダムの「人助天」。

曲渕ダムの「天源豊」。〔K〕

河内ダムの「風雨龍吟」。〔K〕

奥小路低所ダム（目録 21）の「龍瓶」。〔K〕

ヴィルンウィーダムの左岸の３連の石碑。〔K〕

ダム雑学⑫

本庄ダムの美の秘密

本庄ダム（目録12）は、世界でも稀に見る壮麗な美をもつダムである。そして同様の美をもつもう一つが、アメリカのケンシコダム（Kensico：ニューヨーク／重力式／水道用／堤高94メートル／施工1913〜17年）である。

本庄ダムより1年早く着工した当ダムは、当時の重力式ダムでは世界最大で、第一次世界大戦の戦時下、アメリカの技術力と豊かさを世界に誇示していた。ケンシコダムは、現在でもアメリカで最も美しい石積みといわれている、バ

本庄ダム：天端の装飾と横継目ごとの縦帯に着目。ケンシコダムとの類似性がわかる。〔K〕

ロック調の装飾華美なダムである。

これに対して、当時の日本は、海軍力が世界レベルになった頃である。海軍としても、日本の豊かな国力と技術力を世界に発信する意義を感じて、本庄ダム建設において装飾を重視することにしたと想像する。それもアメリカよりも早く竣工させるという国威発揚の条件で。もちろん、海軍本省での責任者であった吉村長策（→P46）の情報入手や強い後押しがあってのことと思われる。

日米による両ダムの石積み

ケンシコダム（→ P77）：新古典主義の石積み装飾が圧倒的な迫力を持つ。〔K〕

の装飾模様は違うが、天端笠石の外側への張り出しや、その下の下流面縦帯など類似性がかなりある。特に、縦帯をもつダムはこの2基以外にほとんど見かけない。

ところで、本庄ダム下流面の縦帯は、縦帯の厚みがあるので扶壁説がある。しかし、ダムの扶壁（→P169）はずっと大きいものなので、扶壁説は力学的に無理がある。それでは、本庄ダムは意味もなく縦帯を造ったのだろうか？

ヒントは、縦帯と横継目（→P139）の関係である。この頃、ダムの大型化とともに横継目が普及してきており、本庄ダム、ケンシコダムとも横継目をもつ。調べる限り、本庄ダムは国内で初めて横継目を採用した。しかし、横継目沿いに雨水や漏水が滲み出すことは避けられない。これは即構造上の問題、とはならないが、美観上の問題は大いにある。そこで、漏水の滲み隠しのために、横継目に縦帯を被せたものと考える。

加えて、本庄ダムの横継目には天端から大きな排水用の鉛直孔が設置されており、これらは類似のダムと同様に堤敷部の水平管を経て地下の排水ピット（排水をためる函状の桝）に導かれているはずである。下流面に滲みや遊離石灰（→P293）析出がほとんど見られないのは、この強力な排水システムのお陰でもあろう。それにしてもこれほど美しく汚れのない下流面は驚異的である。海軍技術陣の英知は、堤体の美を100年以上保持させることに成功したと、今になっていえる。

ちなみに、下流面中位以下の黒ずんだ部分は、戦時中に空襲を避けるために墨で塗られた跡らしいが、このため縦帯がきわだって華麗に見える。戦時中の黒塗りは、千歳第3、第4ダムの発電所建屋でもおこなわれていた。

7 石積み堰堤を愛でる

曲渕（まがりぶち）ダム（福岡市）：大改修を繰り返しながらも壮麗な原形外観を残す国内最大の石積み堰堤。手前の洪水吐きも味わい深い。〔K〕

この章では、42の国内石積み堰堤と目録外の大井ダムについて、訪問による「鑑賞の記」を都道府県別で北から順に掲載する。どのダムも個性に満ちている。

なお、執筆にはダムマイスターのお二方（夜雀氏、清水篤氏）の協力を得た。100年もの風雪に耐えて産業振興や災害防除に尽くしながら、山中に屹立する姿を感じていただければありがたい。

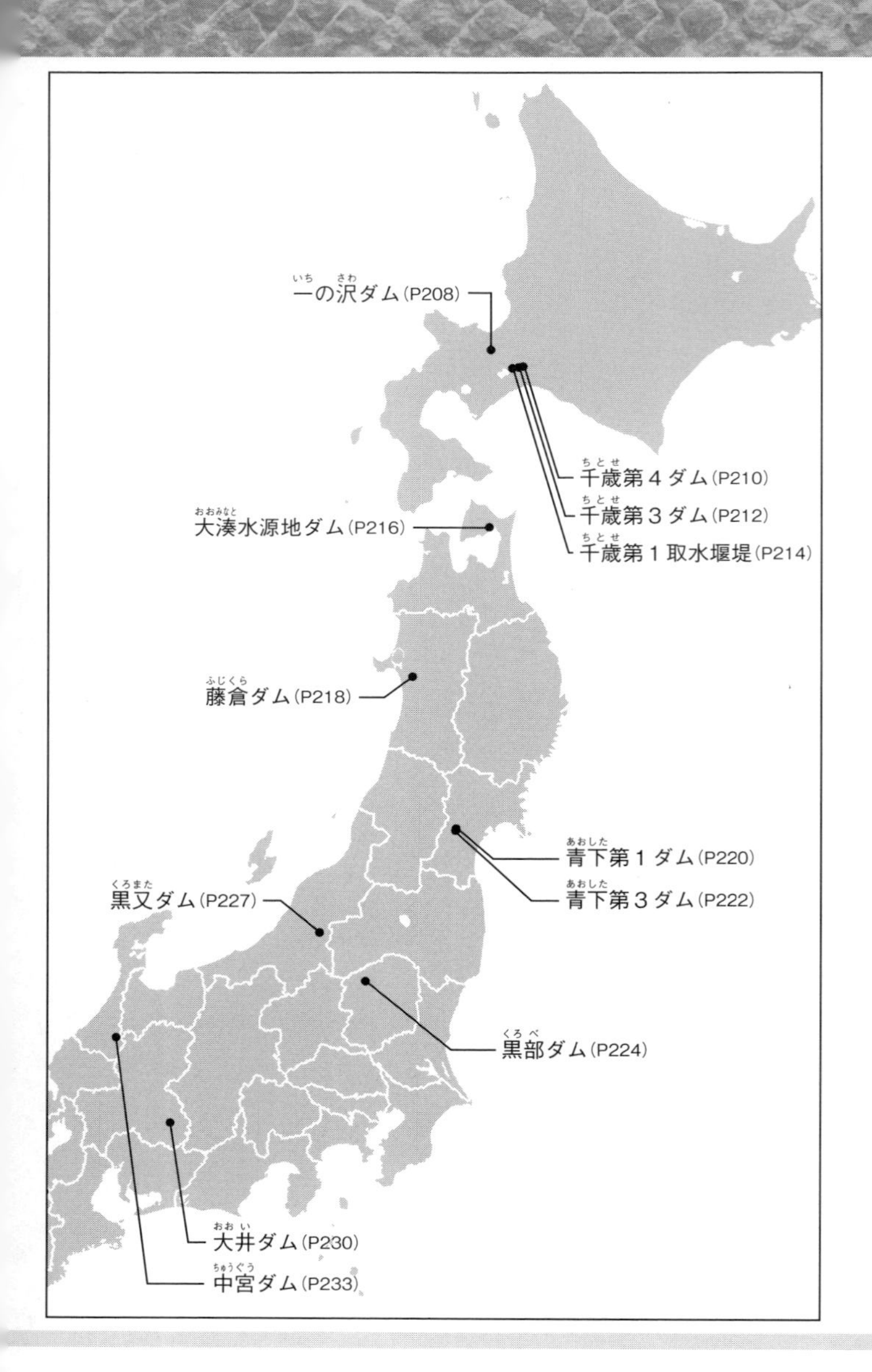

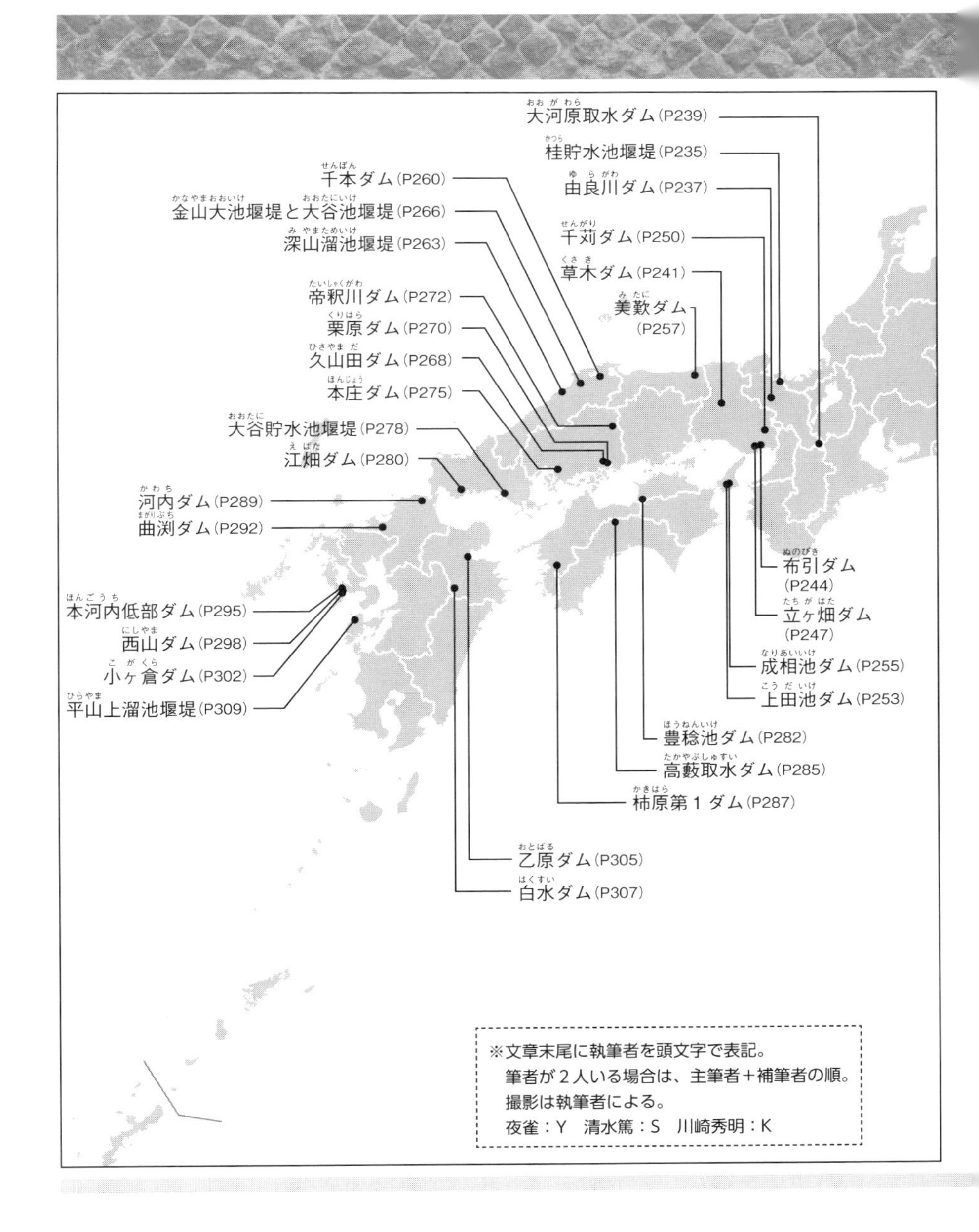

※文章末尾に執筆者を頭文字で表記。
筆者が2人いる場合は、主筆者+補筆者の順。
撮影は執筆者による。
夜雀:Y　清水篤:S　川崎秀明:K

一の沢ダム（北海道）

「静まる幽玄空間の白竜」

●北海道電力の砥山ダムの上流にある一の沢ダムは、1926（大正15）年に竣工。豊平川の中流域（白井川と豊平川の合流点）にあり、堤体の下流2・7キロメートルの地点にあった一の沢発電所に送水していた。

発電をおこなうために水をたたえ、送り続けていた一の沢ダムであるが、1972（昭和47）年に豊平峡発電所、砥山発電所が建設されることとなり、一の沢発電所は前年12月にその役目を終え、下流の砥山ダムの貯水池内に水没することとなった。一の沢発電所の廃止により発電所の施設が除却され、現在は一の沢ダムだけが残されている。現在のダムとしての位置づけは、砥山ダムの上流部に位置する貯砂ダム（→P163）である。そのため、定期的に貯水池内の堆砂（→P157）を取り除いている。

●当ダムへの道は現在立ち入り禁止になっているので、遠くからも眺めることはできない。今回は特別に、本書のために北海道電力の許可と立会いの下、上流側から堤体に

右岸から見た一の沢ダム：堤体以外は全くの自然。静かに越流する水は石積みを流下する間に白波の乱流と化す。

目録 31

堤高	20.3m
竣工	1926年
用途	水力発電 → 貯砂
管理	北海道電力

最も近づける場所に案内していただいた。

深い谷をせき止めた堤体は、流水の下に割石（↓P120）による見事な石積みを所々見せる。ほぼ全面に近い越流なので、右岸からの流水は左岸側から直接落ちる水流と激しくぶつかり、渦をなす。そこで、自然地形を活かした滝つぼのような減勢池（↓P45）に吸い込まれ、静まるように下流に流れていく。まさに天然化した減勢の仕組みだ。

●大分県の白水ダム（↓P307）もこれに似た越流美を感じさせるが、白水ダムが計算された整流による調和的な美であるのに対して、当ダムは、荒々しく乱流のぶつかり合うダイナミックな美である点が違う。どちらも、美しさのなかでいかに合理的に減勢するかにこだわり、その目的を達している。越流部の両岸には玉石を使った谷積み（↓P108）の石積みがはっきり見える。欠落や脱落もなく、頑丈に造られていることがわかる。

●一の沢ダムの竣工によってできた貯水池は、上流の錦橋付近にかけて大きな瀞（川の流れが静かで深いところ）を形成し、いつしか「舞鶴の瀞」と呼ばれるようになった。しかし、堤体は非常に狭隘な渓谷に立っていて、その谷の深さゆえに下流から堤体を見ることは困難である。また通常は非公開となっている。その分、自然景観のなかにほぼ建設時の姿で残されている。宝物のように貴重な歴史構造物である。

（Y＋K）

減勢工左岸：石積みの状況がよく見える。

越流頂上の流れ：堤体下流面をおおうのは自然の割石。表面の凹凸により、水面も絶妙な凹凸を形成している。

千歳第4ダム（北海道）

「豊富な水量を誇る北の雄」

●千歳川で王子製紙の管理する水力発電所は五つある。上流から千歳川第1発電所（1910年送電開始）、第2発電所（1916年発電開始）、第3発電所（1941年発電開始）、第5発電所（1918年発電開始）、第4発電所（1919年発電開始）であり、堰堤は発電所とセットとなっている。

　国内新聞用紙の不足から王子製紙が苫小牧工場を建設した際、動力源としてこれらの堰堤及び発電所が建設された。大規模な水力発電としてはきわめて早い時期であり、当時屈指の発電量は、北海道の産業振興を大いに支えた。堰堤を設計したのは、いずれも王子製紙土木部の技師、吉川三次郎である。

●千歳第4ダムは、これらの千歳川発電所群の最下流に位置している。千歳第3ダムと同じように、堤体の右岸下流面直下に発電所建屋が建てられており、左岸側に堤体分離型の洪水吐き（→P111）を擁している。堤頂長は上流の千歳

森のなかから悠然と姿を現す第４ダム：左岸側は洪水吐き。右岸下流面直下の建物が発電所。

目録 17

堤高　21.9m
竣工　1919年
用途　水力発電
管理　王子製紙

第3ダムのほうが少し長いが、谷自体はこちらのほうが格段に広い。

広い水面に滔々と流れ出る豊かな流量は、支笏湖から流れる水の発電価値の高さを示していて、苫小牧工場の生みの親である鈴木梅四郎の先見の明を感じる。

●下流面には縦帯のように扶壁（→P169）が3本ある。これは戦後間もなく補強のために付設したとのことである。横から見ると扶壁は厚く、突っ張り効果がありそうだ。

右岸側の堤体の直下流には屋根がオレンジ色の発電所が建てられている。下流堤体と発電所建屋の間にほぼ隙間はなく、一体型と呼んで差し支えないほどである。発電所建屋の壁面はくすんだ色だが、元々は煉瓦色で、戦時中に空襲の対象になりにくいように墨色に塗られた。（Y＋K）

下流面の石積み：草木類が繁茂し、堤体の石積みは見えにくいが、野面石（切り出したままで加工していない石）の谷積みで、頂部のみが切石の布積み。

左岸の余水吐き越流部のゲート（下流から見たところ）：水路の幅も広く、5門あるゲートのうち、4門が見える。

天端の上に建つ珍しい和風木造の建屋（ゲート室）。寒さが厳しい地域のダムでは、ゲートの巻上機に使用する機械油の粘度や凍らない性能を重視するが、積雪から機械を守るために建屋を設けて格納することが多い。

千歳第3ダム（北海道）

「厳冬に耐えてきた100年の石積み」

●千歳第3ダムは千歳第4ダムの4・1キロメートル上流に位置し、堤高は千歳川ダム群のなかで最も高い。第3ダムは、第4ダムよりも1年前に竣工し、第4ダムと同じ構造と形状の発電所建屋が建てられている。ダム全体のデザインや石材は第4ダムと同じであり、同様に豊富な水量を誇っている。第4ダムとの違いは、堤趾部が直接減勢池（→P45）に入っており、土砂吐き（→P37）用の水路跡があることや、扶壁（→P169）が2本であること、天端のゲート建屋が木造でないこと（屋根の中央がへこんでいる特殊形状）などである。

●第3ダムも第4ダムと同様、下流面の天端から堤体傾斜に接続する頂部が鉛直であるため、カビが少なく白い。その白い頂部の下端に走るアーキトレーブ状*の一列と天端の上端が大きめの切石（→P120）で揃えられていることで、どっしりとした落ち着きのある外観を生み出している。

●余水吐き（→P111）のゲートはあるが、使用頻度は高くない。

千歳第３ダムの下流面：右岸に発電所、左岸に堤体分離型の余水吐きという配置は、第４ダムと同じ。

目録 16

堤高	23.6m
竣工	1918年
用途	水力発電
管理	王子製紙

上流から流れ来る水は通常、発電所の水車を回して電気を生み出した後に、下流に流れるルートを経由するからである。

●第1取水堰堤から第4ダムまで、鋼製ゲートはすべて鮮やかなオレンジ色に塗装されている。関西電力が保有するダムの鋼製ゲートの色をすべて黒にしているのと同じような統一感がある。このオレンジ色は発電所の屋根の色と同じでもあり、ゲート管理者の王子製紙にちなんで「王子オレンジ」と呼びたい。（Y＋K）

千歳第３ダムの下流側面：２本のコンクリート製の扶壁が見える。中央に位置するのは発電用の水車室をおおう張り出し部（第４ダムと違い、こちらは布積みで、小規模）。

土砂吐き跡と下流面の谷積み：堤趾部の土砂吐きはコンクリートで閉塞して不使用（全国的に呑み口側が堆砂して使えなくなることが多い）。草木が目立つが、厳しい冬に耐えて、谷積みの石積みに傷みはほとんど見られない。

堤体の頂部の石張り：横幅 46cm、控え長（ひかえちょう） 38cm の大きめの切石が端部に配されている。工事概要に、表面が硬切石と記載されている（巻き尺は 10cm 単位のもの）。

左岸の余水吐き：堤体分離型で越流部には鋼製ゲートが２門据え付けられている。

用語解説……アーキトレープ●欧州の神殿や教会の石造建築に見られる石柱の上に位置する横長の梁のような石材。

千歳（ちとせ）第1取水堰堤（北海道）

「古典的な扶壁付き重力式堰堤」

●千歳第1取水堰堤は、王子製紙苫小牧（とまこまい）工場の電力供給のために千歳川に開発された、連続する4つのダムの最上流に位置する堰堤である。土木学会の「推奨土木遺産」、経済産業省の「近代化遺産」に千歳川の王子製紙水力発電施設群として認定を受けている。10メートル未満と堤高は低いが、形状が独特で石積みが美しいことから、石積み堰堤の紹介の一つに取り上げた。

土木学会の前身にあたる工学会から発行されていた『工學會誌（こうがっかいし）』の1911（明治44）年2月発行号に「北海道千歳川水力電気工事土木部工事概要」が載っている。ここに堰堤と工事の詳細な情報記録がある。

まずロケーションとして、千歳第1取水堰堤は、支笏湖（しこつこ）から流れ出る千歳川の流出口から900メートル下流に築造された。計画ができ上がったのは1907（明治40）年のことである。この頃、海外のダム建設事例では本川にダムを築造する場合、建設地点の上流に仮締切堤*を設け、ト

重力式の堤体下流側に等間隔で並んでいる扶壁：門柱と導流壁を兼ねている。重力式堰堤に扶壁を追加したタイプは珍しいといえるが、景観上は扶壁の整然とした石積みによって石の美しさを際立たせることができる。

（参考1）

堤高　6.4m
竣工　1910年
用途　水力発電
管理　王子製紙

ンネルや水路で建設地点から河川水を迂回させ、乾いた状態にして工事をする方法がすでに一般的となっていた。ここでもその点を考慮して計画が立てられたが「工事施工の際は簡単なる土俵を以て締切り水の浸潤することなくして全く工を終るを得たり」という記載がある。仮締切堤や迂回水路といった大がかりな設備を造らずに工事を進められたことをたいへん喜んでいるのだ。これらの設備を造らずに築堤できたということは、工事費と工期に素晴らしい効果があったと予想できる。

●工事概要には〝軟石〟という文字がたびたび登場する。下の図でも、堤体の内部は軟石と記載されている。ダムサイト（→P39）が支笏湖の周辺であることから、北海道で有名な札幌軟石、支笏溶結凝灰岩であると思われる。これらの石は、支笏湖のカルデラをつくった火山活動の際に火砕流として流れ出たものが固まってできた凝灰岩で、加工が容易なことから建築資材として重宝された（札幌市資料館の外壁など）。しかし、ダムの場合、軟らかい石材を表面に使うのは不適当であるため、ここでは内部に用いられているだけで、表面は別の硬い切石（→P120）が積まれている。内部において軟石が粗石コンクリート（→P63）の骨材として用いられているのかは図面からは読み取れない。工事概要では「中部は軟切石積みとす」という記載があるが、少なくとも止水を考慮すればただ積んだだけではあり得ず、モルタルで固めた練石積み（→P109）ではないかと考えられる。

●現地では貯水位（→P160）が高いため実際に見ることはできなかったが、堤体の上流側、基礎岩盤から堤体のなかほどまでは黒煉瓦で造られており、その上に切石が積まれているという。天端高欄に煉瓦を用いたダムはあるが、水没する部分に煉瓦積みを用いている例は稀である。（Y）

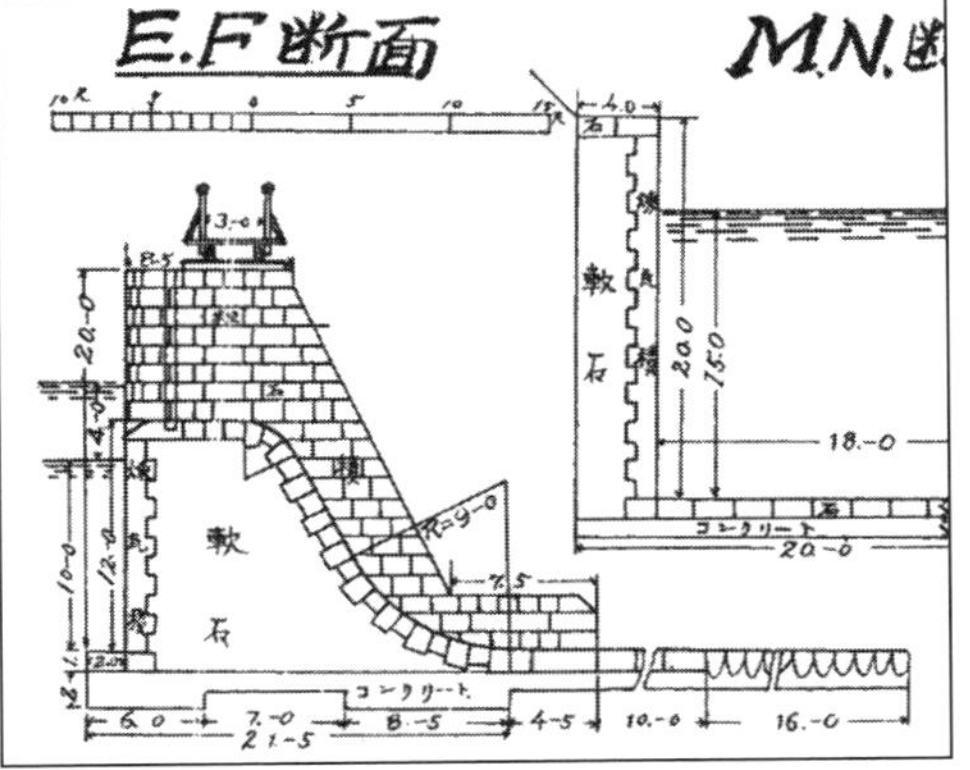

堤体の断面図：軟石という文字が内部に見られる。『工學會誌』33号「北海道千歳川水力電気工事土木部工事概要」より。

用語解説……**仮締切堤**●ダムの堤体築造の際、河川をせき止めて仮排水路に転流するため、または下流からの逆流を防ぐため、ダムサイトの上流あるいは下流に設けた河川の締切のための仮設構造物。

大湊（おおみなと）水源地ダム（青森県）

「重要文化財という勲章」

●大湊水源地ダムは、1909（明治42）年、大日本帝国海軍の軍艦への給水を目的とした軍事施設として建設された。ロシアのバルチック艦隊による進撃に備え、北海道の防衛の要所として大湊に水雷団（すいらいだん）（軍港防衛部隊）が設置されたことに端を発する、100年を超える歴史ある名堰堤である。

その後2度の大戦を経て、海軍解体後は地元大湊町に引き継がれ、1976（昭和51）年までむつ市の上水道水源として使用。給水を終了した現在は市民の憩いの場となっている。

●この美しい堰堤と周辺の水道施設群は、取水終了後の1984（昭和59）年にむつ市文化遺産、1985（昭和60）年に近代水道百選、1993（平成5）年に青森県文化遺産、2001（平成13）年には土木学会の「推奨土

堤体下流面：堤高 7.9m ほどの小柄な堰堤であるが、ぎっしりと石が積まれた重量感ある姿は、サイズ以上の存在感がある。周辺の土地は現在も自衛隊の敷地となっていて、この堰堤の生まれを物語っている。
写真：安河内孝

（参考１）

堤高　7.9m
竣工　1909年
用途　水道用水*
管理　むつ市

＊現在は取水終了

木遺産」と、次々に文化財の認定を受け、2006(平成18)年には近代水道施設史上での価値が高いとして、国の重要文化財の指定を受けている。

軍港施設として生まれた大湊水源地ダムは、人間にたとえると海軍を退役した元軍人といった印象である。100歳を超える御大の胸には、誇らしげに数々の勲章が並び、なかでも国の「重文」というひときわ大きな勲章が輝いているのである。(S)

石積みのアーチ橋を模した形状が特徴の洪水吐き：輪石の中心に、頂部を飾る要石も見られる。軽くアーチ状になった堰堤の形状は、この頃の石積み堰堤のスタンダードなものだ。

布積みの堰堤本体からなめらかに谷積みに切り替わる両側の護岸：さながら石の鎧(よろい)のようである。建設時、はるばる九州から石工(いしく)を呼び寄せて造られた。

藤倉(ふじくら)ダム（秋田県）

「越流は和紙の手触り」

●秋田市にある藤倉ダムは、大分県の白水(はくすい)ダム（→P307）、愛知県の長篠(ながしの)堰堤と並び、日本三大美越流堰堤と称される美しい石積み堰堤である。東北初の本格的な上水道施設として整備が始まった藤倉水源地は、1907（明治40）年の水道通水の後、改良が加えられ、石積み堰堤である藤倉ダムが1911（明治44）年に竣工。水道の整備は明治時代のコレラ、天然痘の流行を受けたものだが、同時期に起きた大火災の教訓として、市内に防火用水を供給する目的ももっていた。

竣工後は秋田市の水道水源として運用され、その後、1973（昭和48）年に取水を終了。しばらく「忘れ去られた水源地」となっていた。

1985（昭和60）年に近代水道百選に選ばれたことを契機に、昭和の終わりに設備の改修工事が実施され、1993（平成5）年に近代化遺産として国指定の重要文化財の指定を受けている。竣工から100年を超えた現在

堰堤をすべり落ちる水とのコントラストも鮮やかな赤い鉄橋（堤上架橋）：水源地の管理橋として架けられたトラス橋も、堰堤や付属する設備と共に近代化遺産の指定を受けている。

目録 7

堤高	16.3m
竣工	1911年
用途	水道用水*
管理	秋田市上下水道局

＊現在は取水終了

は、秋田市上下水道局の手で大切に管理・保存がおこなわれ、静かな余生を送っている。

●藤倉ダムのシルエットはシンプルな直線重量式であるが、細部を見れば洒落たディテールをもつことに気付く。見上げれば赤い管理橋、高欄の親柱（→P185）の凝った装飾、視線を下ろすと副ダム（→P113）によって広い水面が静かに揺らぐ。この堤体真下の副ダムは越流した水流による堤体基部の洗掘（削り取られること）を防ぐために造られたものである。当時、副ダムをもつコンクリートダムの事例はほとんどなく、美観のみならず構造も希少で興味深いダムである。

●空石積み（→P102）に見えるほど極端に細い目地で張られたダムの表面は、まるでタイルのように平坦に磨かれた石材が使われている。石積み堰堤の越流は、表面の石材の凹凸により水流が細かく乱れ落ちるのが常であるが、この藤倉堰堤に関しては平坦な石材表面により水はなめらかに静かに滑り落ち、成形コンクリートに見られるうろこ越流*と同様の表情が見られる。

●1911年に竣工した藤倉ダムは、日本のコンクリートダムとしては最古参のグループに属している。現役を退いた施設のため、昨今のダムブームのなかでも今一つ影の薄い存在であるが、長崎や神戸に造られた、布引、桂貯水池、本河内低部、西山、立ヶ畑に続き、日本で6番目に古いコンクリートダムでもある。

長崎や神戸の威厳に満ちた表情の石積み堰堤とは違う藤倉ダムの表情は、どこか女性的でもある。純白の水のスクリーンの裏に感じる凛とした芯の強さは、秋田美人をイメージさせる。素晴らしい名堰堤といえる。（S）

用語解説……うろこ越流●うろこ模様の越流。

見事な越流美：薄くすかれた繊細な和紙を思わせる、美しい水のスクリーン。日本的な情緒をもつ。

青下第1ダム（宮城県）

「玉石の渓」

●仙台市の近代水道は、イギリス人技術者のW・K・バルトン（→P41）が1893（明治26）年に仙台を訪れ、広瀬川の上流で水源地の測量と調査をおこなったことに始まる。1898（明治31）年には、日本の近代水道の父と呼ばれる中島鋭治（仙台市出身、→P43）が上下水道の設計をおこなった。仙台市においてまず整備されたのが下水道であり、建設費が高額な浄水は後回しとなったが、1913（大正2）年から大倉川を水源とする上水道工事が始まった。第一次世界大戦の開戦とともに鉄管の高騰など物資の不足があり、3年で竣工させる計画は10年かかることになったが、1923（大正12）年に仙台水道は給水を開始する。

仙台市の給水が開始されて数年、周辺の町などが仙台市に編入され市域が拡大した。人口増加に伴い水道の普及率も上昇し、水需要が増え続けたために水不足が起きるようになる。1931（昭和6）年、新規水源を広瀬川の支

下流側：青下第１ダムは、仙台市を流れる広瀬川の支流、青下川に設けられている。第１ダムから第３ダムまでは人口増加対応のため同時期に建設されたもの。その三つのダムのうち、最下流に位置するのが青下第１ダム。

目録 54

堤高　17.4m
竣工　1933年
用途　水道用水
管理　仙台市水道局

流、青下川に求め、仙台市水道第1次拡張時の水源として三つの貯水池を計画し、1933（昭和8）年に竣工した。これが青下水源地、青下第1、青下第2、青下第3ダムである。

●堤体の石積み上を流れる水の美しさもさることながら、圧巻なのは、眼前に広がる左岸側の堤体をおおう玉石である。堤体の直下、左岸側に量水池*があり、貯水池の取水塔から水が送られている。浄水場への送水がおこなわれる最も大切な設備であることから、堤体を越流した水から守るために擁壁（→P65）が設けられていて、こちらも玉石積み（→P21）だ。量水池の直上にあたる崖であるため、崩れることがないようにと玉石で成形したものと考えられる。（Y）

用語解説……**量水池**●原水を引き込み、導水量を調節するところ。

副ダム（→P113）：青下第2、第3ダムと同じデザインで右岸端に切り欠きがある。角落とし（→P223）をはめ込むための溝も切られている。

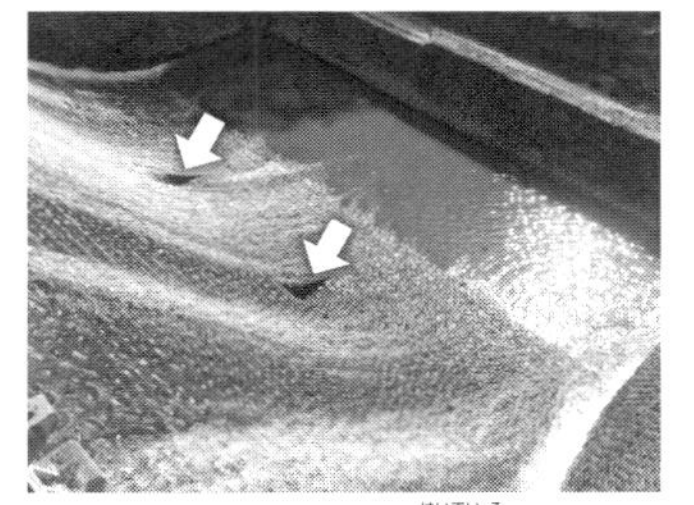

堤体下流面の2か所に見える排泥路（⇨部分）：『仙臺市水道誌』には「取水塔より十五米を隔て右岸に高一・三米幅〇・九米の鐵扉二個を堰堤下部に取付け之により排泥目的を達せしむ」とある。堤体の工事などで貯水池の水を抜く必要が生じた場合に活躍する設備。

管理橋：堤頂には取水塔へのアプローチと両岸を横断できるように橋が架けられていて、真上から貯水池を眺めることができる。逆に地形上の制約で、直下からは眺めることはできない。登録有形文化財の指定を受けており、近代水道百選にも選ばれている。

護岸：現在であればコンクリートで平坦に施されるだろうが、玉石になるだけでここまで美しくなる。

青下第3ダム（宮城県）

「玉石の絨毯」

●仙台市から西に約20キロメートル、名取川水系の青下川に三つ並ぶ貯水池のなかでも最上流にあるのが、青下第3ダムである。堤体の直下はそのまま下流の第2ダムの貯水池端となっている。平時は越流していることが多く、玉石積みが隠れてしまうこともある。水量がそう多くない状態で越流しているときは、切石（→P120）の水飛沫と異なる柔らかい水模様が見られる。

堤体の玉石による石積みは青下第1から第3ダムに共通する特徴である。現在ならコンクリート護岸とするであろう場所から副ダム（→P113）、川の底に至るまで、目に入るところすべてがびっしりと玉石で固められている。ここまで入念にすべてを石でおおうというデザインは少ない。

●副ダムの下流面にはなめらかな曲線を用いている。右岸側の端には、現在コンクリートで閉塞されているが、竣工時に造られた角落とし*を入れる溝が残っているのが見える。第1ダムの副ダムには右岸側に溝が入った同じ構造が

下流面：堤体の直下は獣除けの柵と門扉が設けられているが、自分で開閉できるので堤体のすぐそばまで近づくことが可能。堤体と副ダムを越え、河床をおおう床固めまで続く玉石の絨毯を見ることができる。

目録 56

堤高	17.7m
竣工	1933年
用途	水道用水
管理	仙台市水道局

そのまま残されているので、見比べるとわかりやすい。

●堤体の越流は堤頂のすべてでおこなわれる構造だが、右岸側から取水塔までの管理橋が堤頂の上に造られているため、右岸側は橋脚で水が切り分けられ、左岸側では幅の広い帯となって流れ落ちる。もちろん、上流からの漂着物が越流部に捕捉されたりすると、その部分からの越流が途切れたりするのはこの形のダムではよく見られることである。水量とそのときどきで水模様が異なるのも石積みのダムを観賞する際の面白さである。（Y）

越流部：コンクリートで補修されているが、越流時の美しさを損なうものではない。堤体の玉石も見ごたえがあるが、両岸の導流壁兼護岸工の玉石への接続も見事である。

排砂路（設計時の名称は排泥・泥吐）の出口：副ダムの底部から顔をのぞかせている。第２貯水池の水位が低いときは詳細に見ることができる。

堤頂の上に造られた管理橋：左が上流側、右が下流側。

用語解説……角落とし●両側の柱に縦に溝を刻み、角材を積み重ねてはめ込むことで締め切る水門や、その仕組みのこと。角材を抜き差しして水位を調節する。

黒部(くろべ)ダム（栃木県）

「日本初の発電専用ダム」

●東京電力が管理する栃木県の黒部ダムは、発電専用の最初のダムである（もちろん石積み堰堤）。1913（大正2）年に完了した第1次包蔵水力調査*後に、全国的に発電ダム建設が展開される前に造られた。現在、黒部ダムの名は富山県にあるもののほうが有名だが、当ダムは建設時、国内最大規模の堤体を有した先駆的なダムとして、発電史上に輝いている。

1987（昭和62）年から1989（昭和64）年にかけておこなわれた大規模改修工事で外観は大きく変わってしまい、竣工時から22門のゲートが並んでいた天端(てんば)には、現在8門の巨大なゲートが並んでいる。ただし、余水吐き流下部には石貼りがなされ、ゲートの門柱には化粧型枠（→P165）によってコンクリートが打設されるなど、既往の石積み景観への配慮がなされている。

●黒部ダムでは、昔から堤体が大きく弧を描いているために、アーチ式ダムなのか、アーチ重力式ダムなのかという型式（→P95）についての疑問が話題に上がることが多い。明治、大正期に造られた重力式コンクリート

黒部ダムの下流面：ゲート、門柱、洪水吐きの改修工事（1989年修了）で石積みの外観は変わった。右上は改修前の写真だがゲート以外の形状はそれほど変わらない。

目録 8

堤高	28.7m
竣工	1912年*
用途	水力発電
管理	東京電力

*1989年大規模改修終了

ダムのいくつかにも堤体が弧を描いているものがあり、これらにも同じ疑問が出てくる。実際には黒部ダムは曲線重力式コンクリートダム*であり、アーチ式ダム、アーチ重力式ダムに分類されるものではない。

ただし、黒部ダムの幅広い断面は、当初の計画がもっと高い堤高であり、実際にはアーチ式ダム計画であった可能性を示している。黒部ダムの建設途中で左右岸の岩盤が良くないことがわかったために、現在の高さに修正したという説や、将来の嵩上げ(かさあげ)(→P19)のために堤体を幅広くしたという説がある。

現在は閉館してしまったが、以前、東京電力のPR施設・TEPCO(テプコ)鬼怒川ランドとして展示をおこなっていた敷地には、改修前の黒部ダムの表面をおおっていた石積みが移築されている。また、その横に展示されているパネルでは、ありし日の22門のゲートが並ぶ写真もあったが、今は近くに行って見ることができない。(Y+K)

門柱部の状況：大きく変わった門柱部だが、化粧型枠使用によって天然の石材を模している。

移築された改修前の黒部ダムの石積み（以前、TEPCO鬼怒川ランドだった敷地内）。

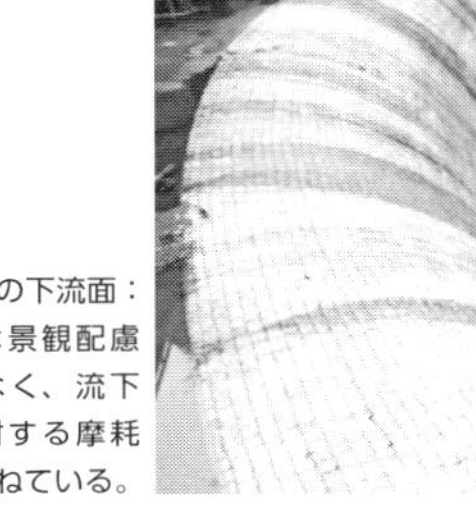
黒部ダムの下流面：石貼りは景観配慮だけでなく、流下土砂に対する摩耗防止も兼ねている。

用語解説……**包蔵水力調査**●水力発電に適した場所の全国的な調査（発電水力調査）によって明らかになった水資源のうち、技術的・経済的に利用可能な水力エネルギー量の調査のこと。

曲線重力式コンクリートダム●構造上は重力式コンクリートダムだが、湾曲した平面形状をもつダム。

コラム◆◆◆◆◆日本の水力発電の曙

1888（明治21）年に三居沢（宮城県仙台市）にある宮城紡績の工場で使用する電灯をともすために、紡績機用水車タービンに発電機を取り付けて発電したのが、日本で最初の水力発電といわれている。出力は5キロワットであった。

営業用の水力発電として日本で初めて運転を開始したのは京都の蹴上発電所で1892（明治25）年のことである。蹴上発電所は琵琶湖の水を使って発電していて、竣工当時は160キロワットであったが現在は4500キロワットの発電ができ、今も現役だ。三居沢発電所も現役だが、取水堰と発電所は2度の位置変更がおこなわれ、現在稼働しているものは3代目である。現在は名取川水系広瀬川に設けられた北堰という高さ3・0メートル、幅100・4メートルの取水堰から取水している。

水力発電は火力発電などに比べ、初期発電原価が割高となるが、長期的には必ず安くなる。また、エネルギーのもととなる雨水は他国に依存しなくてもよいため自前で電源を確保できるメリットは大きく、国防、セキュリティの面からも大切であることはいうまでもない。しかし国内黎明期の発電は発電所が消費地に近接することが条件であったことから、火力発電所が都市圏で先行する。これを水力が上回るようになるのは遠距離送電技術が確立されるようになってからである。

1910（明治43）年から1913（大正2）年にかけてわが国で初めての第1次包蔵水力調査がおこなわれ、水力発電に適した地点、大規模開発が可能な地点が次々と選ばれた。これを契機に水力発電のためのダムが全国で建設されるようになる。初期の発電ダムの大半は、石積み堰堤（型式分類上は重力式コンクリートダム）である。（Y）

三居沢発電所の建屋（東北電力）：仙台市にある国内最初の水力発電所。

黒又ダム（新潟県）

「信濃川最古の近代ダム」

●現在、東北電力が管理する黒又ダムは、黒又川と破間川との合流点直上流に位置する。破間川沿いは、奥只見ダムや田子倉ダムといった日本有数の水力ダムへの入口として利用され、下ると魚沼市で魚野川に合流し、小千谷市で信濃川に合流する。魚野川は、豪雪地域から流れ出る豊富な水量の清流で有名だ。黒又川もその系統を引く。流域は深い渓谷からなる豪雪地帯であり、上流には昭和30年代に黒又川第1、第2の二つの発電ダムが建設されている。黒又川の支川には、大型プロジェクトである湯之谷揚水発電所の上池ダムが計画されていたが、経済不況下の2003（平成15）年に中止になってしまった。そのような日本有数の水力電源地域に黒又ダムは位置している。信濃川水系では最も古いダムであり、建設当時の石積みの姿がほぼ残っているなど、歴史構造物としての価値も高い。

●黒又ダムの最大の特徴は、全面越流の本ダムと右岸に隣接して長く延びる横越流の脇ダム*である。

用語解説……**脇ダム**●本体と並んで貯水池の水位を保つ堰堤。

黒又ダムの下流面：大自然のなかの荒法師の姿である。鉄分の多い川であるため堤体に赤い筋となって付着している。下流面の漏水は少ない。

目録 32

堤高	24.5m
竣工	1926年
用途	水力発電
管理	東北電力

まず本ダムだが、堤体下流面は形状の異なる石材を荒々しく積んだように見えるが、実際は技巧を要する乱積み（↓P109）である。越流頂にはコンクリートが張られているが、その下をよく見ると、玉石を割った大小の石が組み合わされ、モルタルで固められて繊細な曲面が形成されている。このような荒々しく見える石の積み方はよそに見られないほど独特だが、100年近く激流を流下させてきた実績は頑丈かつ合理的な造りであることを証明している。

次に脇ダムであるが、本ダムと非越流部を挟んでの長い越流頂は200メートルほどある。脇ダム

本ダムの越流部：高い技術で密に組み上げた頑丈な石積みである。

越流後は長い側水路を流下して本ダムの減勢工（↓P45）に合流する。当ダムは側方越流も含めた全面越流が見ものだが、洪水時以外に、春先の融雪出水期には堤体から豪快に越流する様子を見ることができる。

本ダムと脇ダムの越流部を下流から見る：越流部、導流堤、床版のすべてが石積みあるいは石張りである。

脇ダムの側水路を上流から見る：貯水池は満砂状態であり、右側には田園が広がっている。

本ダムの上流側の取水口：門柱と流入部の切り石による布積みが美しい。

堤体の上流側に回ると、下流面とうってかわったような整然とした布積み（→P107）の石積みが見られる。下流面の乱積みと合わせて、まさに計算された石積みづくしの景観である。

●ところで、2017（平成29）年秋は、魚沼市がダム巡りのスタンプラリーを企画して、市内のすべてのダムを訪れた人だけにプレミアムダムカードを配った。その絵は、雪の残る3月に見られる全面越流時の黒又ダムであった。地元の人の話によると、豪雪で道が閉ざされるので、この時期の黒又川に入ること自体が難しいとのことである。（K）

2017年秋のプレミアムダムカード：残雪の黒又ダム全面越流。

大井ダム（岐阜県）

「マスコンクリートの先駆ダム」

●大井ダムは石積み堰堤ではないが、日本のダム史に燦然と輝く記念碑的名堰堤である。当時、各地でダムの建設が進められ、石積みのコンクリートダムがいくつも建設されていたが、木曽川のような大河川に高さ50メートル超のダムを建設するというのはそれこそ、信じられない計画であると受け止められていた。同時に、大井ダムは木曽川の中流に建っている。大流量の河流の処理という点でも前代未聞の工事であった。なお、工事時は大同電力が造るダムということで大同ダムと呼ばれていた。計画を立ち上げたのは電力王として名高い大同電力の社長・福沢桃助である。現在は関西電力が管理している。

大井ダムはいくつかの革新的技術を導入して、型枠工法（↓P11）採用によって石積み外観からコンクリート肌に変わった先駆的ダムである。背景には、欧米のダム建設事例から「大型機械を採用すれば型枠工法によるコンクリート打ちだけでも十分に外枠の強度を出すことが可能」だと学

大井ダムの下流面全景：川幅いっぱいにゲートをもつ。

目録外

堤高　53.4m
竣工　1924年
用途　水力発電
管理　関西電力

んだ佐野藤次郎（↓P52）らによる技術的な英断がある。

●河流の処理については、半川締切工法が採用された。この工法は、ダムの本体を半分ずつ立ち上げて接続する方法で、近年でも河川流量が多い場合や仮排水路トンネルの設置が難しい場合に採用されている。

　また、アメリカの技術者を呼んで、最新の土木機械を取り寄せた。ダムサイト（↓P39）には工事に携わったアメリカ人技術者を含むおもな技術者の名前とレリーフが埋め込まれた巨大な碑があり、その功績を讃えている。

●大井ダムは、川幅いっぱいの越流部に端から端までゲートを並べた、重厚な外観が特徴である。当ダムを皮切りに「大河川の本川に川幅いっぱいのゲートをもつ」という電力ダムの王道のデザインは確立されていく。

レリーフ版：右岸にある記念碑の背面にある。

　越流頂にゲートを設ける場合、扉体*に強度が求められるが、大井ダムでは、垂直に扉体が動くことで放流水をコントロールするタイプのローラーゲートではなく、弧を描いて回転方向に開閉する鋼製のラジアルゲートが採用された。ラジアルゲートは挙動が垂直ではなく回転であることから、扉体と同じ大きさ以上に堤体の上部に巻上機を備え付けた格納スペースを造る必要がなく、費用も安く抑えられるメリットがあった。この大井ダム建設の後は多くのダムで採用されている。ちなみに、国内でラジアルゲートが採用されたのは、同年に竣工した宇治川の大峯ダム（↓P36）である。大峯ダムは型

半川締切り工法による施工状況：トレッスルガーダー（仮組の桁橋）から横継目ごとに設けたブロック単位で打設した。

用語解説……**扉体**●ゲートにおいて、川の水流を直接受け止める部分。ゲートを開閉することで水を流したり、止めたりする。

大井ダムの上流面：21門ものラジアルゲートが並ぶ。

枠工法においても、国内初を大井ダムと競っている。

● 大井ダムでは粗石コンクリート（→P63）も大々的に使われた。「人ほどもあるような大きな石（岩）が使われていた」という情報があり、資料を探したところ、管理している関西電力の所蔵資料に、建設時に堤体のコンクリート打設のために設けられたトレッスル橋*と、その下にすでに打ち込まれたコンクリートのなかに巨石が収まっている写真があった。

また、1982（昭和57）～83（昭和58）年、新大井（しんおおい）発電所の取水口を増設するべく堤体の右岸を切り欠く工事がおこなわれることとなった際に、コンクリートのボーリング調査が実施された。その結果、堤体の基部に近い場所で非常に大きな石が数百も確認された。大きなもので100×60×40センチメートルに達するものもあり、大井ダムが粗石、巨石コンクリート造りであることが間違いないことがわかった。

新大井発電所工事の際に切り欠いたコンクリートの一部はタイル状にカットされ、現在も右岸に立つ記念碑に装飾として用いられている。大正時代に打ち込まれた高品質のコンクリートを間近で見ることができる。（Y）

中宮ダム（石川県）

「霊峰白山の竜宮城」

●霊峰白山の山麓、白山国立公園のなかにある中宮ダムは、ダムまでのアクセスは歩道のみ、しかも立ち入りが規制されている。一般にはなかなか見ることのできない石積み堰堤である。

白く美しい越流を見せてくれる堤体は、びっしりと石張りでおおわれている。表面の石材は石積み堰堤によく使われる整った間知石（→P121）ではない。表面は荒々しく野趣にあふれ、石の大きさや形が不揃いで、目地（継目）もまばらな印象だ。

積み方はスタンダードな布積み（→P107）ではなく、ダムとしては珍しい谷積み（→P108）である。苔むして緑色に見える谷積みの表面は、龍のうろこを思わせ、あたかも川を昇っていく龍のようである。

竣工は石積み堰堤としては少し遅い1935（昭和10）年。この頃になるとすでにコンクリートダムの建設には型枠の使用が一般的となり、この石積みは、越流水から堤体

下流面全景：切り立った断崖を縫うように続く歩道を進み、途中で白山国立公園の境界を越え、クマの出没多発地帯を分け入ること数キロ。川のせせらぎとは違う、盛大な越流の水音が聞こえてくると中宮ダムに到達する。

目録 57

堤高　16.6m
竣工　1935年
用途　水力発電
管理　北陸電力

用語解説……トレッスル橋●鋼製または木製の部材を幾重にも組み上げて高くした架台（トレッスル）に短い桁を載せた橋。

表面を保護することを主な目的として採用されたものと思われる。それを裏付けるかのように、越流部から天端に立ち上がるゲートの門柱の表面に石はなく、通常の成形コンクリートとなっている。また、堤体の下部には4門の排砂ゲート*が並び、外観上のポイントになっている。これらの特徴は、ほかのダムと類似性をもたない独特の外観といえる。

●現在、北陸電力が管理している中宮ダムは、戦前、当時日本中に乱立していた小規模な発電会社の一つである雄谷川電力によって造られた。そうしたことを踏まえて改めてダムの外観を見ると、見よう見まねで造ったような、どこか未完成な印象を受ける。布積みではなく谷積みとしたのは、在来の汎用性のある土木技術を応用したことが省察され、野趣あふれる石積みも、現地調達で石材を確保した結果であることがうかがえる。

建設に必要な物資はすべて歩荷（荷物を背負って山越えをすること。また、それを職業とする人）による人力で運び込まれていて、独特の外観は、極力少ない資材で建設した結果とも考えられる。

●中宮ダムは戦前に造られた小さな取水ダムだが、今も休むことなく発電所に水を送り続けている。このような山深い地にほぼ人力でダムを築いたことに驚くと同時に、現在も当時と変わらない険しい歩道を使い管理されていることにも、改めて感動を覚える。幻想的な貯水池、龍のうろこのような石積み。見るものすべてが美しく、そして独特の強い表情をもつ不思議な水と自然の世界である。（S）

4門の排砂ゲート：現代のダムのコンジットゲート（ダムの下部に配置される洪水調節に使用するゲート）のように並ぶ。吐口の幅や高さは不揃いで、向きも微妙に異なる。

貯水池：多少の堆砂があるものの、この規模の戦前のダムとしては水深が保たれている。池の底がよく見えるのは堆砂で浅くなっているわけではなく、非常に水が澄んでいるためだ。

桂貯水池堰堤（京都府）

「海軍さんの水源池」

舞鶴鎮守府（日本海軍の拠点）の置かれた舞鶴要港（軍港に次ぐ重要な港）水道は、1901（明治34）年、海軍の軍港用水道として国内で4番目に竣工した。桂貯水池堰堤は、その竣工前に完成していて、布引ダム（→P244）に遅れること半年後の1900（明治33）年9月である。多くの艦艇用に大量の補給用水を確保するため、舞鶴鎮守府の軍港用水道の施設として求められた水源貯水池である。

海軍による舞鶴要港水道の整備は1898（明治31）年に始まり、1905（明治38）年、日露戦争により一部拡張。さらに1917（大正6）年には軍港の拡大に伴い、貯水量の大きな岸谷川下流取水堰堤（岸谷ダム：堤高30メートル／総貯水量21万立方メートル）が築造された。1929（昭和4）年には支那事変の進展に伴って水道施設も根本的に検討され、市の中心部より22キロメートルも離れた由良川を水源とする施設を建設。1941（昭和16）年、戦況は熾烈の度を増し、軍は民間企業経営の水道

用語解説……排砂ゲート●貯水池内の堆砂をダム下流に排出することを目的として、堤体に設置するゲート。

全景：竣工後120年近いだけに老朽化も目立つ。

目録2

堤高	12.4m
竣工	1900年
用途	軍港用水→水道用水
管理	舞鶴市水道局

施設をすべて買収した。その後、終戦によって舞鶴市が全施設を引き継ぎ、市水道への供給を開始。舞鶴市民生用の水道は1937（昭和12）年に事業認可を受けていたが、戦時統制による資材調達困難で未完成だったこともあり、この水源地の委譲は舞鶴市にとって非常にありがたいものであった。

●桂貯水池堰堤の表面はすべて石積みでおおわれていて、各石材は凹凸や隙間も少なく、高い技術で頑丈に組み上げられている。ただし、越流部にはびっしりと苔が生え、石積みの間からは植物が顔をのぞかせたりしている。貯水池の機能はともかく、洪水時に安全に水を流すことができるのかと疑問がわくが、越流時には、美しい水流が堤体を流れ落ちる。苔むしたり草が生えたりしていても、洪水流下機能に問題ないことがわかる。左の写真の水流を見ると、以前は管理橋があったが、現在は取り払われている。

この桂貯水池堰堤と、少し下流にある岸谷川下流取水堰堤（岸谷ダム）を含め、当時整備された軍用水道施設は所在地の地名をとって「与保呂（よほろ）水源地水道施設」として、2003（平成15）年に国の重要文化財に指定されている。（Y）

越流頂の下流面：草木が多いが、石積みはしっかりしている。

下流面：越流部に苔が目立つ。

堰堤の右岸側下部の底樋（そこひ）（→P265）：要石には海軍を示す2本の波型のマークが入っている（⇨部分）。ここには扁額が掲げられ、舞鶴出身の海軍中将による「清徳霊長」の文字が今でも読み取れる。

越流頂の下流面：流下部は非越流部の両側より少し深くなっており、越流した水はこの深くなった幅の間で流れるように工夫されている。

由良川（ゆらがわ）ダム（京都府）

「お色直しをした石積み堰堤」

●由良川ダムは1924（大正13）年に帝国電灯が所有する発電用の石積み堰堤として生まれた。ダムと発電所の管理は1926（大正15）年5月に東京電灯、1928（昭和3）年4月に京都電灯に変わり、1942（昭和17）年4月に関西配電統合が実施され、1951（昭和26）年の電力再編成後は関西電力となっている。

その後、新発電所建設に伴い1991（平成3）年に改修工事がおこなわれ、現在では石積みは見当たらない。右岸の発電所取水ゲート付近から堤頂を見下ろしても越流部はコンクリートでおおわれていて、上流面や両岸を見ても石積みの気配は見えない。ただし、改修工事の際に堤体のボーリング調査がおこなわれ、堤体には45～60センチメートルもの粗石が用いられたことがわかっている。堤体は粗石コンクリート工法で建設された。

●由良川ダムのもう一つの特徴は、左岸側に設置された大掛かりな魚道（ぎょどう）*である。採用されているのは使用例が多い

用語解説……魚道●魚が川を上りやすいように、人工的に設けられた副水路。

目録 30
堤高 15.2m
竣工 1924年*
用途 水力発電
管理 関西電力

由良川ダム下流面（下流の発電所内から撮影）：改修によって石積みの気配を見ることはできない。堤体上方に見える吊り橋は、現在通行禁止の弁天橋。

＊1991年改修

プール型・階段式魚道だ。板状の仕切りの底には魚が通り抜けられる穴があけられていて、遡上できるようになっている。また、魚道と並んで左岸側には、大きく立派な流筏路*（流木路）が設置されている。舟運に対して工夫が施され、地域の産業に対する配慮が垣間見える。

●現地の説明板には、元々由良川ダムの直下には河床から大きな岩山がそびえていて、その岩山の上に弁財天宮があったと記載されている。ところが、1953（昭和28）年に大きな洪水があり、ダム直下に巨大な岩山があることで下流水位が上昇。ダムと発電所の取水設備に危険が迫ったため、その岩山をすっかり開削することになったと書かれている。現在、ダム直下には広々とした岩盤の河床が広がっている。この河床上にそびえていた岩山を丸々掘削したとは驚きである。（Y）

ダム左岸にある魚道（⇨部分）：右側に、流筏路の河床掘削の跡がある。

ダム直下の岩山掘削の跡：ここに弁財天宮の岩山があった。

大河原取水ダム（京都府）

「木津川の名瀑」

●淀川水系・木津川の中流で名張川との合流点にほど近く大きく蛇行した場所に大河原取水ダムはある。今は取水堰堤で形成される貯水池であるが、元々、木津川と名張川の合流点であるため水量が多く、谷も深かったことは間違いない。堰堤のすぐ上流には大河原取水施設が、そのすぐ上流には弓ヶ淵と呼ばれる深い瀞（川の流れが静かで深いところ）が形成されている。弓ヶ淵は剣聖・柳生十兵衛三厳が急死した場所としても有名な場所である。

　このあたりは古くから舟運が盛んで、荷の中継点としての歴史がある。北大河原には近江、信楽、多羅尾といった滋賀県南東部の荷が、南大河原には奈良の柳生方面からの荷が集まり交易がさかんにおこなわれていた。明治時代には、京都の高瀬川を上下する小舟の高瀬舟もここまで行き来していたという記録が残っている。

●現在は関西電力が管理し、堤体の高さは15メートル以下だが、川幅いっぱいに広がる石張りの堤体は迫力満点

用語解説……**流筏路**●木材を搬出するために、筏師が筏とともに通った水路。木材を流すために設けられた副水路は「流木路」という。

全景：大河原という名の示すとおり、川幅が非常に広くなっていて、広い河原に巨岩も点在している。

目録 19

堤高　14.9m
竣工　1919年
用途　水力発電
管理　関西電力

で、見る者を惹きつける。通常は中央の越流部から水が下流に流れるように水位が調整されている。

水位を決めているのは越流部に並べられた木製の欠瀉板（フラッシュボード＝河川の浮遊物を下流に流すための板）で、増水時には外れることもあるが、ワイヤーで1枚ずつ固定されているので手作業で戻すことも可能な仕組みである。手作業というと古めかしく聞こえるかもしれないが、各地の多くの取水堰で現在も木製の欠瀉板は用いられていて、よく選ばれる仕組みの一つである。

●大河原取水ダムの石積みは非常に規則正しく美しく、100年近く経過しているとは思えないつややかさが特徴だ。淀川水系では桂川や宇治川に比べ、圧倒的に砂の出が多い木津川だが、砂の多い川にある石積みにもかかわらず表面の石の摩耗がほとんどないのも特徴の一つである。使用された切石（→P120）の種類にも左右されるが、大河原取水ダムは非常に良い石に恵まれているともいえる。

高さの揃えられた切石は、タイルのように並べられている。

越流の様子。

●ダムの右岸側のすぐ上流には、山を挟んで下流にある大河原発電所へ水を送るための取水口があり、その前には貯水池内に壁を設けた沈砂地がある。水を下流側から取る設計となっており、考え抜かれた設備である。

取水口から取り込まれた水は、トンネルを通って山の反対側の発電所建屋上にある上部水槽に届く。元々こちらも石積みで造られていたようだが、現在はモルタルで表面を補修されている。水槽の側面も木製の欠瀉板で水位を調整している。この上部水槽にためられた水は一気に水圧鉄管を下り、発電所で水車を回し、電気を生み出している。（Y）

取水口：現在ではほとんど見られない設備・構造であり、同じ頃に竣工したほかの発電用取水ダムでもあまり見ることのない設備である。

発電所上部水槽：ダムと山を挟んだ位置にある。

草木(くさき)ダム（兵庫県）

「100歳を迎える古風なダム」

●同名のダムというものは国内のあちこちにある。「草木ダム」も群馬県の水資源機構の管理するダムと、兵庫県にある関西電力の管理するダムの2基がある。

群馬県の草木ダムは堤高140メートルの巨大な重力式コンクリートのダムだが、兵庫県の草木ダムはそこまで巨大ではない。竣工から100年を迎える石積みの古風なダムである。

ダムが造られた川は揖保(いぼ)川(がわ)水系草木川で、近くに草(くさ)置(ぎ)城(じょう)跡という遺構がある。元々は、「草置」の漢字が、地名や川にあてられていたと思われる。

●ダムの堤頂長は86メートルあり、堤頂の中央部だけが越流する形だ。越流部

草置城跡。

下流面：堤高 24.8m という高さは当時としてはかなり巨大なダムである。現地に行くと実際の堤高よりも大きく見える。

目録 15

堤高	24.8m
竣工	1918年
用途	水力発電
管理	関西電力

の幅は下流の河幅とほぼ一致していて、全面越流式といってさしつかえない形状である。天端（てんば）はそもそも全面越流式なので、対岸と通行できる構造になっていない。対岸に人家や地元の生活道路などがある場合は橋が架けられることもあるが、ここでは対岸にそういったものがない。

草木ダムの石積みは、越流部の両岸に確認することができる。右岸側で堤体は大きく3つの段を形成している。最上段は補修のために表面にモルタルを流した跡があり、さらにそのモルタルの白垂れが起きているので石積みの目地（継目）がはっきりしないところも多い。3段のなかでは中段の石積みがいちばんきれいに見えており、ここで石積みが切石の谷積み（→P108）であることがはっきり見て取れる。

対岸には人家もなく、侵入防止フェンスが設けられていて右岸側からしか近づけない。

越流部は石積みではなくコンクリートで仕上げられている。エプロン*までなめらかにつながっているが、補修が何度かおこなわれた痕跡も見える。

ダムの越流部においてどうしても落水のエネルギーでエプロンは傷みやすい。洪水のときには、水とともに上流から土砂が運ばれてきて一緒に流れ下るため、コンクリートの表面が削り取られ、長い年月を経て鉄筋が露出してしまうことも稀ではない。草木ダムにおいては、鉄筋が露出したりしている様子はなく、大事に補修されて使われていることが見て取れる。

右岸側の越流部：3段になった石積みの様子。

●堤体のすぐ下には副ダム（→P113）のようなものも見えるが、常時水がたまっているわけではなく、必要時、角落とし（→P223）で端に設けられた溝を塞げば、水をためられる構造になっている。これを副ダムと呼ぶのはふさわしくなく、エプロンの端に設けられたシル（敷居）と呼ぶのが妥当であろう。このシルの形状は、堤体を越えて落ちてきた水が前に飛ぶように斜めにデザインされているところが目を引く。

今でこそ、副ダムというものは上流面は鉛直で、常時、減勢池（→P45）が形成されるようにダム下流に水褥池（ウォータークッション）を設けるのが当たり前になったが、古いダムは、そもそも副ダムをもっていない。減勢部は天然の地形をうまく使っているという例も多数あり、今のコンクリートでガードする方法と比べると物足りなく思えることもある。

草木ダムが竣工したのは大正時代であり、竣工当時にコンクリートでなめらかに仕上げられたエプロンと副ダムのようなシルがそもそもあったのか、途中で改修されて設けられたのかはわからない。

●貯水池は、堆砂（→P157）が進んで水深が浅くなっている。しかし、発電用ダムで流れ込み式の場合、貯水池に砂がたまっても流れてくる水を発電所に送ることができれば仕事を続けられるので、現役である。（Y）

用語解説……エプロン●越流部直下のフラットな水叩きコンクリート床板。

貯水池：各地のダムには越流部とほぼ同じ高さまで堆砂が進行しているところも数多くある。100歳になるダムでこれだけしっかり水深を確保しているのは珍しい。

布引(ぬのびき)ダム（兵庫県）

「日本初の石積み堰堤」

●布引ダムは神戸市によって1900（明治33）年3月に竣工した国内最初の石積み堰堤であり、堤体内部がコンクリートであることから国内最初の重力式コンクリートダム（→P312）でもある。堤高33・3メートルは当時の構造物としてはずば抜けて大きい。建設時の名称は布引水源五本松貯水池堰堤といい、「布引」が水源地名で「五本松」が貯水池名。通称として布引ダムで知られている。

　布引ダムの当初案（1892年）は、堤高19・69メートル、堤頂長68・18メートル、上流側は30パーセントの勾配の石張り、下流側は20パーセントの勾配の芝張りのアースダム（土堰堤(どえんてい)）で、先に竣工した本河内(ほんごうち)高部ダムと同じ形状だった。これは、当初案を作成したバルトン（→P41）の祖国・イギリスで多く造られていた典型的な土堰堤の構造図を写したものである。この設計に手を加えて修正し、現在の重力式ダムへと変更したのが、神戸市職員だった吉村長策(よしむらちょうさく)（→P46）と佐野藤次郎(さのとうじろう)（→P52）である。二

布引ダム下流面。

目録1

堤高　33.3m
竣工　1900年
用途　水道用水
管理　神戸市水道局

人は土堰堤の計画の倍の貯水容量を確保する現在の布引ダムの形となる図面を引いたのだ。

●ダムの天端（てんば）は立ち入り禁止で、頑丈な鉄門扉が設置されている。天端の高欄には、いろいろな銘板が埋め込まれている。ダム湖百選や国指定重要文化財、近代化産業遺産などを示すものに並んで、阪神大震災の後におこなわれた耐震工事の概要を記録したものも見られる。天端にも今までおこなわれた改修工事の詳細を記録した銘板が設置されているのは、神戸市水道局の伝統なのかもしれない。

●ダムの左岸側に散策路がある。下る途中から堤体を見るのが、布引ダムの石積みを見るのに最も適している。ここで見るべきは、天端の高欄の下に並ぶ歯飾り（デンティル→P183）である。ヨーロッパでよく用いられる意匠であり、イギリスの同時期の重力式ダムにも用いられている。このイギリス風の意匠を、神戸のダムでも使おうと選んだのは、土堰堤から重力式コンクリートダムへ設計変更をした佐野藤次郎だ。この歯飾りはイギリスでは石造建築物で当時流行していたものでもあり、東京の英国大使館の壁に同じ意匠がある。

●布引ダムの貯水池上流端まで行くと、貯水池に締切堰堤が設けられていることがわかる。これは、大雨や洪水のときに発生する土砂が入り込まないようにする構造物である。ふだんは山から来る澄んだ水だけが貯水池に流れ込む仕組みだが、大雨で上流から土砂や濁った水が来ることが予想されるときには、この貯水池に水を導くトンネルをゲートで締め切り、濁り水の貯水池内流入を防ぐ。濁った水と土砂は貯水池を迂回して貯水池下流の川まで掘られたトンネルに流れ込み、下流に流れていくための設備が整えられているのである（→P163）。

この仕組みは排砂バイパスと呼ばれ、21世紀になって各地のダムでもその重要性が確認されている。日本国内では天竜川（てんりゅうがわ）のダムの3基が再開発としてトンネルを増設している。

布引ダム下流面高欄下に並ぶ歯飾り。

英国大使館２階テラス下に並ぶ歯飾り。

この排砂バイパスは、日本においては布引ダムの5年後に竣工したする烏原貯水池こと立ヶ畑ダム（神戸市水道局が管理→P247）で最初に造られた。設計者の佐野藤次郎がインドのダムを視察して学んだことを烏原・立ヶ畑ダムで実際に施工し、その効果を見て布引ダムに採用したのだ。そのため、重力式コンクリートダムとしては国内初の布引ダムだが、排砂バイパス保有では国内2例目となる。

長くダムを使うためにダムにたまる砂を防ぐ対策が取られていたからこそ、今も布引ダムが貯水容量を確保して満々と水をたたえ、「赤道を越えても腐らない水」として船乗りにも親しまれた「神戸ウォーター」を生み出し続けているのである。

●通年見られるものではないが、雨の後などには洪水吐き（→P111）から流れ出てくる水で滝が出現する。正式名称は公募で選ばれた「五本松かくれ滝」だが、この滝には「放水路新滝」、「浅見の滝」という別名がある。「浅見の滝」とは布引ダムの現場監督を務めた浅見忠治に由来するものとの説明が現地にある。

ダム下流にある名勝・布引の滝は観光地として有名であるが、この滝は水を無駄にしないよう昼間だけ出現する滝である。布引ダムに設置されたバルブで水量を調節し、滝が出現する時間は午前6時から午後9時頃。夜間は滝が見えなくなるので、水を止めている。（Y）

貯水池上流端にある排砂バイパス用の締切堰堤。

締切堰堤の横には、貯水池に水を導くトンネルがある。

立ヶ畑ダム（兵庫県）

「中央越流の美しき白頭鷲」

●神戸では布引ダム（↓P244）に続いて立ヶ畑ダムが1905（明治38）年に、千苅ダム（↓P250）が1919（大正8）年にそれぞれ竣工した。布引ダムと千苅ダムの天端は立入禁止となっているが、立ヶ畑ダムは天端を自由に通行できる。立ヶ畑ダムの貯水池名は烏原であり、地元では烏原ダムと呼ばれることが多い。

目を引くのは、堤体が緩やかにカーブを描いている点であろう。優美な曲線と石積みの美しさが際立つ。取水塔が景観上のポイントで、天端の中央ではなくやや左岸寄りにある。貯水池の水深が深い部分に建てられているのだ。中央の堤体付属式の洪水吐き（↓P111）は、国内初採用である。

竣工当時は現在より2・7メートル低かったが、水需要が高くなり、竣工して間もなく嵩上げ（↓P19）による貯水容量増加が計画され、1914（大正3）年に現在の高さ（33・3メートル）となった。奇しくも布引ダムと同じ堤高であり、ちょうど110尺である。天端の親柱（↓P185）には、嵩上

上流面の石積み：貯水位を下げて運用しているため、石積みの状態がよく見える。

目録5

堤高	33.3m
竣工	1905年*
用途	水道用水
管理	神戸市水道局

＊1914年嵩上げ

げの拡張工事を示す「大正三年擴張」の文字が見られる。

●立ヶ畑ダムは、粗石コンクリート造り、石積みの重力式ダム（→P312）である。粗石コンクリート造りではあるが、先に竣工していた布引ダムで漏水が多かったことを踏まえ、こちらでは堤体に使用するセメント量を増やしているため漏水は非常に少ない。

型式については、今の分類でいうアーチ重力式ダム（→P312）ではない。この時代に天端が曲線を描く石積みダムは各地で造られているが、そのいずれもアーチ作用を計算して曲線をつくっているわけではなく、水圧に対する安全性を少しでも向上させるためにアーチ形状を採用している。立ヶ畑ダムを設計した佐野藤次郎（→P52）も、「アーチ計算はおこなっていないが温度の変化に対応するためにこの形状にした」と述べており、型式を区分するならば曲線重力式コンクリートダム（→P225）と呼ぶのが相応しい。

天端の横にある取水塔の壁には次のページのような石板があり、顧問技師の吉村長策（→P46）と工事長の佐野藤次郎の名前が刻まれている。その下の石板は、嵩上げ工事をおこなったときの記録である。「DAM RAISED 9FT DURING 1913-1914」（1913年から1914年にかけての工事で9フィート嵩上げされた）と記されている。

1905年竣工時：日露戦争時と重なり地味な造りであったが、1914年の嵩上げ時に現在に見る華麗な姿となった。
写真：神戸市

右岸から見るアーチ形状の美しい堤頂。〔K〕

●上下流面ともに石積みがきめ細やかで、乱れのない曲面を形成している。切り揃えられた石が布積み（↓P107）で隙間なく並ぶ堤体中央付近は、ゲート部からの擦り付け*も見事である。白い頂部は鉛直面を示すが、白い石造の門柱は華麗な風格を漂わせる。

竣工してから9年後に嵩上げされているため、そのあたりに目を凝らせば改修工事の痕跡が読み取れるかと思って見ても、その気配すら見つけられない。高欄下の石積みのない平滑部はコンクリート面であり、これが旧堤体との境界である。嵩上げの跡を逆に装飾デザインとして処理している。佐野をはじめとした神戸市技術陣が、ただ者ではないことがわかる。（Y＋K）

取水塔壁の石板：上の石板に Consulting Engineer の C.Yoshimura と Enginner in Chief の T.Sano の名前が刻まれている。

用語解説……**擦り付け**●直線部から曲線部にかけて、なめらかに接続した部分。

立ヶ畑ダムの下流面：白い頂部とアーチ状の両翼から全体が白頭鷲のように見える。

千苅ダム（兵庫県）

「国内屈指の美麗放流」

●千苅ダムは、武庫川の支流である羽束川と波豆川の合流地点に造られた重力式コンクリートダム。貯水池の北側部分は三田市や宝塚市にまたがる、神戸市でいちばん大きな貯水池である。

堤頂には改修された17門のゲートが並び、ダム湖への流入が増えて満水位を超過すれば、すべてのゲートから水が流れ出し、国内屈指の美しい放流を見ることができる。

堤体は、先に竣工した布引ダム（→P244）、立ヶ畑ダム（→P247）の建設技術をさらに高め、ブロック状の粗石を積み、モルタルで固定した造りになっている。布引ダムが非越流型の堤体で、洪水吐き（→P111）を堤体から離れた横にもっていたのに対して、立ヶ畑ダムは4門だけだが堤体の上を水が流れるデザインが取り入れられた。

ゲート数を増やし、堤体の幅いっぱいに水が流れるように設計された千苅ダムは、貯水池左岸側にさらに大容量の洪水を処理することができる越流部と水路をもっている。

千苅ダム下流面：放流時の美しさはこの上なく、豪奢なレースのカーテンのようであると評される。

目録 18

堤高　42.4m
竣工　1919年*
用途　水道用水
管理　神戸市水道局

＊1931年嵩上げ

その構造、景観とも評価が高く、１９９８（平成10年）年に国の登録有形文化財に指定された。近代土木遺産としても登録されている。

●嵩上げ（→P19）の容易な構造にしていたものの、水需要の伸びは予想よりも早かった。千苅ダムにおいても竣工から10年目で6メートルの嵩上げ工事がおこなわれ、現在の姿となっている。嵩上げに伴い、堰堤のゲート部分の形状が変わっている。竣工直後のデザインはゲートの門柱が貯水池側に寄っており、越流部の厚みもあったが、嵩上げで門柱が堤体から段差なく立ち上がるデザインになり、美しさも増すことになった。

●門扉を挟んですぐ山側に巨大な石碑が立っている。最上段に刻まれている扁額には「人助天」とあり（→P200）、その下には主任技師として佐野藤次郎（→P52）の名前、布引ダムの洪水吐きに名を残す浅見忠治（→P246）の名前などが英語で刻まれている。さらに下の石板には拡張工事に関わった技師らの名前と工事の概要が漢字とカナで刻まれており、それぞれの時代背景を物語っている。

越流する水の量によって美しい顔を変える千苅ダムだが、何よりも素晴らしいのは計算しつくされた減勢である。これだけの水が流れ出ているのに、堤体の下で水面に達したときにほとんど波が立っていない。放流水が穏やかに流れ落ちるよう計算されており、佐野藤次郎の天才的なデザインがこういったところにも垣間見える。（Y）

ゲートの扉体：1枚ずつナンバーと「神戸市水道」の文字が記されている。嵩上げ工事の時から現役であることを考えると、たいへん長く働いている扉体である。

ダムの天端：頑丈な門扉で塞がれていて横まで行くことはできるが、入ることはできない。門扉に付けられているのは神戸市水道局のマーク「六剣水」である。

天端右岸の竣工記念碑。

減勢工左岸：分離式洪水吐きからの越流水。堤体下流の左岸側にトンネルが大きく口を開いており、雨の後などは堤体の表面を美しく流れ落ちる放流水のほかに、ダイナミックな滝が現れることがある。もう一つある貯水池左岸側にある洪水吐きの越流部を越えてきた水がここに到達しているのである。

上田池ダム(兵庫県)

「郷土の誇り」

●兵庫県淡路島に位置する上田池ダムは、歴史ある農業用の石積み堰堤である。関東では間瀬ダム(埼玉県、成形コンクリート造)がコンクリート製の農業ダムの先駆者として有名であるが、実際は山口の江畑ダム(1930年竣工→P280)に続き、この上田池のほうが早く竣工している。

上田池のある淡路島南部は、関西圏きっての露地物野菜の一大生産地である。温暖な気候と肥沃な平野部を利用し、稲作にタマネギ、レタスなどを組み合わせた三毛作が営まれ、全国的に見ても有数の高い生産性を誇る。しかし、この地域の水事情の実情は厳しい。どの河川も短く、降った雨はすぐに山を下り流失してしまうため、かつてから無数の小規模な溜池で利水を賄ってきた歴史がある。現在のこの地域は、淡路島南部の東の外れである洲本市由良から山脈伝いに西の外れの潮崎まで、ひと谷、ひと河川ごとにコンクリートダムが乱立し、地域特有の水事情の厳しさを表している。そうしたダム密集地帯のなかで、最も早

上部に行くほど傾斜が強く、裾の美しいドレープを見せる下流面。40mを超える巨体の、上からおおいかぶさるような力強さに圧倒される。

目録 51

堤高	41.5m
竣工	1932年
用途	農業用水
管理	上田池土地改良区

く造られたコンクリートダムが上田池である。

●大きな城壁を思わせる堤体は、ヨーロッパの古城の風情があり、日本の里山風景の奥にそびえ立つその姿は独自の迫力をもつ。細部を見れば、上品で洒落た装飾が施され、建設当時の設計者の気高い思想がうかがえる。

こういった美しいダムの装飾は、冒頭の間瀬ダムをはじめ古い農業用コンクリートダムに多く見られる。古来、水問題や水争いに苛（さいな）まれ続けてきた農業従事者の期待や喜びを示すものともいえる。現在の活気にあふれるこの地域の農業の姿は、ダムは農作物を育てると同時に、地域や人を育むということを教えてくれるものである。

（S）

越流部：なめらかな石積みの造形も見事。

天端高欄：洪水吐きの部分とそれ以外ではデザインが異なる。市松模様に小窓が開いた高欄はモダンな印象。

成相池ダム（兵庫県）

「最後の石積み堰堤」

●兵庫県淡路島南部、日本有数のコンクリートダム密集地帯でひときわ目を引くデザインダムがある。1990（平成2）年竣工の成相ダムである。このダム本体から上流へ500メートル、上部約5メートルを残してダム湖に浸かる渋い石積みの堤体こそ、日本最後の石積み堰堤、成相池ダムだ。1937（昭和12）年の着工から戦争による中断を挟み、1950（昭和25）年にようやく竣工。19世紀の最後の年、1900（明治33）年に始まった日本の石積み堰堤の建設は、半世紀を経てこの成相池ダムを最後に造られることはなくなる。全国には竣工から100年を超えた石積み堰堤の多くが現役で活躍中だが、竣工からわずか40年で、後に造られた新しいダムの湖に沈むこのダムは、とても短命といえる。

●堤頂部分の洪水吐き（→P111）や、そこに架かる橋梁の意匠は、同じ兵庫県下の農業用ダムである上田池（→P253）や神戸市北区の山中にある山田池（目録52）と共通するもので

再開発で新しくできたダムに浸かることとなった成相池堰堤：堤体の一部が切り取られているが、美しい上部は手を加えられることなく、保存状況はとても良い。

目録 68

堤高　33.0m
竣工　1950年
用途　農業用水*
管理　兵庫県

＊取水終了

ある。しかし、天端に連なる単純な角柱の高欄は、石積みのダム本体に比べて素っ気ないデザインにとどまっている。これは戦争による影響で、本来の計画より簡素化されたものと思われる。

●機能とコスト面のみで設計された現代のダムに、美しい石積み堰堤を沈めてしまうのは忍びないことといえる。新しい成相ダムの意匠が非常に凝ったデザインを採用したのは、沈んでしまう成相池ダムに対しての敬意を表したものであろう。（S）

洪水吐き：上田池や山田池と類似性を感じる、美しいデザイン。いちばん手前の洪水吐きの一部が切り取られている。

思いのほかシンプルな天端：高欄の装飾は石積み堰堤の見せどころのため、意外な感じがする。取水設備は取り壊されることなく良い状態にあり、石積み堰堤らしさを残す重要なポイントといえる。

かつては成相池と呼ばれた貯水池から眺める成相池ダム：奥に見えるのが成相ダム。新旧のダムデザインが同時に鑑賞できる。

美歎（みたに）ダム（鳥取県）

「型式変更と役割変更」

●元々この場所には水道用にアースダム（土堰堤（どえんてい））が1915（大正4）年に築堤されていたが、竣工からわずか3年後に台風による豪雨で堰堤が決壊し、下流に大きな被害が出るという惨事が起きた。

決壊してしまった堰堤を造り直す際に、当時の最先端技術であった「石積み堰堤」とすることが選択され、佐野藤次郎（さのとうじろう）（→P52）が呼ばれた。佐野の指導の下、1919（大正8）年から1922（大正11）年まで、3年の年月をかけて竣工したのがこの美歎ダムである。

●長年、鳥取市を支える水道水源として働いてきたが、その役目は1978（昭和53）年に終わり、休止状態になる。さらに水道施設としても1993（平成5）年に廃止。このとき、美しい堰堤を改修して砂防ダム（→P11）として仕事を続けてもらおうという計画が持ち上がり、砂防ダムとして改修工事がおこなわれることになったのである。

貯水池に残る煉瓦造りの取水塔（⇨部分）は土堰堤時代の遺構。土堰堤は断面で考えると、堤体の底にあたる部分の幅が重力式ダムに比べると広くなる。そのため、今残っている堤体から考えると奇妙な距離に取水塔があるように見える。

目録 23

堤高	23.0m
竣工	1922年*
用途	水道用水→不使用→砂防
管理	鳥取市水道局→鳥取市

＊1922年に土堰堤→石積み堰堤、1978年休止、1993年施設不使用、1999年改修

砂防ダムと重力式コンクリート（↓P312）の貯水ダムは、大雑把にいうと上下流面の勾配が逆である。砂防ダムはためるものが土砂であり、貯水ダムは水なので計算方法が異なるため、通常、同じ形にはならない。

美歎ダムの場合、元々鉛直であった貯水池側の壁は、現在、下に行くほど斜めに広がる形になっている。ここが、改修された部分である。この改修方法は「腹付け（↓P167）」と呼ばれ、各地の石積み堰堤においてもよく用いられている。

●現在、美しい切石の谷積み（↓P108）を見せている貯水池側の石積みは、ていねいにていねいに元の姿をとどめようとした改修工事の成果である。ただ眺めているだけでは、工事がおこなわれたことにも気付かないほどの仕上げがなされている。

●天端の越流部はさらに一段、切り欠かれ、砂防ダムでいう水通し（越流部）と呼ばれる部分が造られた。

下流側の石積みは当時のまま残されている。まだら模様の石材の谷積みで目地は改修工事の際にきっちり埋められたようで、エフロレッセンス（硬化したコンクリートの表面に出た白色の物質）の白垂れもない。

●現在は水道施設としては廃止されているとはいえ、1985（昭和60）年に近代水道百選に選ばれ、2007

貯水池側から見た石積みの姿。普段の水位は低い。

（平成19）年には「旧・美歎水源地水道施設」として国指定の重要文化財になった由緒正しいダムである。

美しい石積みは、役目を砂防に変えてからも変わることなく訪れる人の目を楽しませてくれる。市民の大切な水源地として愛されていたからこそ、当時の姿をそのままに残すという選択がなされたことがうかがえる。（Y）

天端の越流部：中央の越流頂を切り下げて、砂防ダムとしている。

越流部中段の水通し（⇨部分）：細部の石積み状況がよくわかる。

下流から見た堤体全景：石積み状況がよくわかる。中央の水通しから放水している。

千本ダム（島根県）

「『近代水道の父』が育てたダム」

●千本ダムは、1918（大正7）年に竣工した、山陰で初めての近代水道施設である。すぐ近くにある忌部浄水場と合わせて2003（平成15）年に土木学会「選奨土木遺産」に認定されている。「千本貯水池水道施設」として千本ダムと下流に架かる管理橋、「忌部浄水場水道施設」として浄水場のほとんどの設備が登録有形文化財の指定も受けている。重厚な花崗岩造りのダムで、現在でも松江市民の大切な水がめとして活用されている。

●松江市は水郷都市として発展してきたが、飲料水は井戸水や宍道湖、市街を流れる堀川の水に頼っていて、明治の頃はたびたび伝染病禍に襲われた。松江市に近代水道をという計画に関わったのは、内務省の御雇工師として来日していたバルトン（→P41）と土木監督所の技師、高橋辰次郎であった。彼らはサミズ（松江市の旧地名で「清水」の意味）という絶好の湧き水の地を市から紹介され、現在の千本ダム地点であるこの地を貯水池とし、松江城に浄水場

千本ダム下流面：堤頂長 109m の3分の2が越流部である。

目録 14

堤高	15.8m
竣工	1918年*
用途	水道用水
管理	松江市上下水道局

を設ける水道計画を短期間で作成した。しかし、後に建設費として市の年間予算の5倍にもなる工費が必要とわかり、計画は断念された。

その後、松江市に陸軍の歩兵連隊が設置されたことに伴い、水道建設の機運が再度高まってきたことから、市は改めて水道の計画と調査を東京帝国大学教授の中島鋭治（なかじまえいじ）（→P43）に依頼する。調査の結果、バルトンらの調査結果と同じ回答が導き出され、この場所に千本ダムと忌部浄水場が造られることになった。中島は千本ダムの設計について も懇切ていねいな技術指導をおこない、水理構造にその形跡が見られる（→P115）。中島にとっては、藤倉ダム（→P218）に次いで顧問として指導したダムである。

●堤体の表面の石積みは、目地（継目）が斜めになる谷積み（→P108）である。谷積みは、越流部にも、パターンを変えることなくなめらかに接続されていて、その一体感は格別である。切石（きりいし）（→P120）の大きさもほぼ揃っている。表面のきめの細かさと仕上げの美しさが際立つ。

特に、越流部の石積みは見事なうろこ模様で、天端（てんば）の取水塔の横から見ると、天端の仕上げの美しさと貯水池側の切り揃えられた石のエッジの鋭さがわかる。ほかのダムではなかなか見られない、見事な造形である。天端の高欄は

忌部浄水場に保管されている千本ダムの工事中の写真。100年前の施工時の様子がわかり、この時代のダムの造り方を理解するのにうってつけである。

凝った意匠で、ていねいなコンクリート造りとなっている。

　これらの石材は、現地上流の松江市西忌部町柳原の採石場から切り出された大東花崗閃緑岩であり、逸品の「忌部みかげ」として知られている。大東花崗閃緑岩は県内の三刀屋と忌部の2地区から産出され、花崗岩としては例外的に硬い。鉱物として角閃石を含んでいるのが特徴で、耐久性があり黒味が強いため墓石に最適とされていた。両地区の採石場は、ともに現在は営業されていないが、江戸時代に関西から来た石工も多くいたという。千本ダムの越流頂の芸術的な曲線も、彼らがつくり出したと考えられている。

●千本ダムには、近いうちに耐震のための堤体補強をおこなう計画があり、現在の石積み景観の文化価値を損ねないように、堤体アンカー工法*を用いる予定である。この工法は欧米の歴史価値の高い石積み堰堤にも採用されている最新の工法であり、国内最初の適用によって文化財保護の選択肢が大きく広がることが期待される。（Y＋K）

越流頂：刀身のように鋭く長い。

堤体天端と周辺：対岸の左岸は公園化されている。

深山溜池堰堤（島根県）

「木々に隠れた謎多きダム」

●深山溜池堰堤は、灌漑用のダムである。『日本の近代土木遺産　現存する重要な土木構造物2800選』で紹介されるまで、この水源を利用する地元の土地改良区の人たちしか知らない、位置もよく知られていないというローカルな謎多きダムであった。

天端は立入禁止。頑丈な門扉が備え付けられているため、道路のある左岸側から木々の間を覗き込むようにしか堤体を見ることができない。近代化遺産に選ばれてから訪れる人が増えたためというより、溜池で釣りをする人の対策として門扉が設けられたようで、注意書きには「魚はいません」という文言がある。

●左岸側の堤体直下には、現在は草が茂っていて、石積みも確認しづらくなっている。堤趾導流壁*はないものの、山肌に沿って水がまとまり落ちていく様が美しい。天端橋梁を支える門柱が顔を出しているのがかろうじて確認できるが、越流部の構造もはっきりと見ることはできない。越流

用語解説……**堤体アンカー工法**●コンクリート堤体内に設けた孔に高強度鋼材を挿入して締め上げることで堤体を補強する工法。

堤趾導流壁●ダムの堤趾部に設けられた側壁で、洪水吐きを越流した水はここに当たり、減勢されながら向きを変える。

堤体の下流面：木々に埋もれてしまって、全体を見ることが難しい。

目録 64

堤高	15.0m
竣工	1943年
用途	農業用水
管理	大田市波根町土地改良区

部にゲートの類はなく、水位が上がれば自然に流れ出す仕組みとなっている。

●貯水池は、灌漑用に満々と水をたたえている健全な貯水池として長く使うために、定期的に抜水もおこなわれている。池の水を完全に抜く「池干し」「掻い掘り」*は、水質改善はもちろん、湖底に沈殿したヘドロなどの浚渫（↓P163）、底樋*などの設備の点検に必要な、大切な作業でもある。

●かろうじて見ることができる堤体下流面の石積みは、正面から見ることができないため、布積み（↓P107）か谷積み（↓P108）かの判別が難しい。

『島根県土地改良史』では、深山溜池堰堤の下流にある

立入禁止の注意書き：小さく「魚はいません」と書かれている。

左岸下の堤体直下：石積みの間から草が生い茂る。

森の木々に縁取られた貯水池：湖面に浮かぶのも、木の葉など自然のものばかり。

谷山池(たにやまいけ)についても記載がある。「谷山池は、昭和4年完工のもので、基岩を床掘りし、中へ玉石を詰め込んで仕上げたものである」堰型をつくり、外面を練り石積みで仕上げて「骨材はすべて現場で採取したもので、砂は河床土を石ゾウケ(目粗に編んだ竹製のザル)で水洗いして採取し、粗骨材は付近で採取した玉石、あるいはかたい山石を集積して人力で破砕し、水洗いして確保したものである」と書かれている。深山溜池堰堤もまた、高価なコンクリートの節約のため、谷山池(堤高8メートル、1929年完成)と同様の堤体構造と打設工法とされ、1939年に着工された。その構造推定図を下に示すが、ほかのダムでは見られない変わった造りである。(Y)

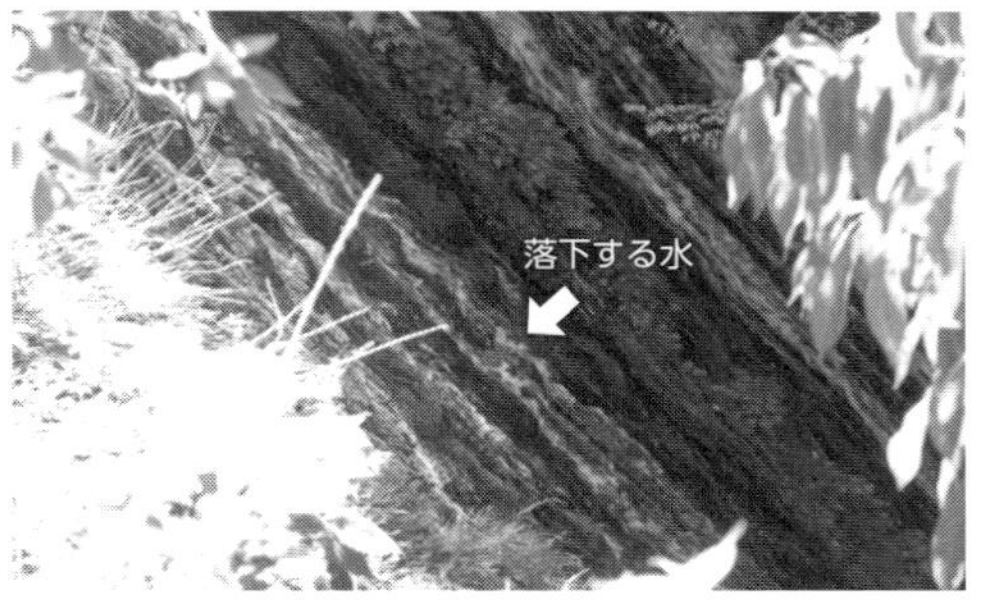

堤体下流面の石積みは流下水が跳ねていることから表面にかなりの凹凸があるようだ。

※立入禁止のため、島根県職員の方に写真を提供していただいています。

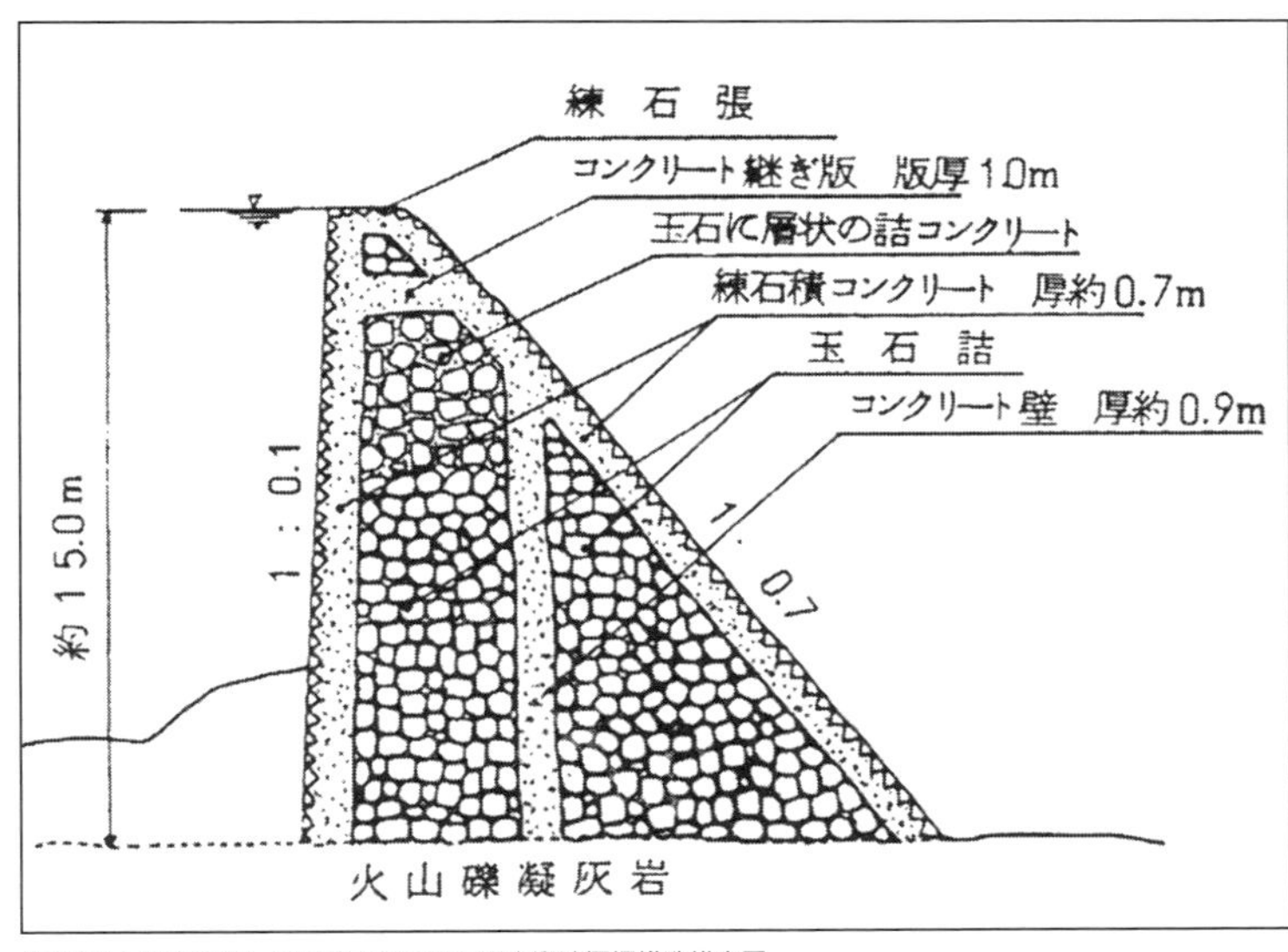

『島根県土地改良史』に掲載されている深山溜池堰堤構造推定図。

用語解説……掻い掘り●池や沼の水をくみ出して干すこと。そもそも農業用の溜池の維持管理方法で、農閑期に溜池の水を抜いて天日干しをすることをいう。

底樋●堤体の底にある取水用の樋管のことで、溜池からの取水を堤外に導水するために設けられる。

金山大池堰堤と大谷池堰堤（島根県）

「知られざる謎の石積み堰堤」

●本書をまとめる作業の後半に入った頃、江畑ダム（→P280）を取材していたYさんから、石碑に島根県の樋口ダムという石積み堰堤が記されているとの連絡が入った。島根県の知人に調べてもらったところ、樋口ダムはアースダム（土堰堤）であったが、県の「ため池台帳」などの資料を探るうちに、10メートル以上ある未確認の石積み堰堤が島根県に二つほどあることがわかった。情報はごく少ないが、石積み堰堤の目録作成上放っておくわけにはいかない。そこで航空写真を照査し、位置の当たりをつけて現地調査を実施した。両堰堤とも、現地は旧平田市（現出雲市）である。

まずは金山大池堰堤。狭い山道を川沿いに車で行くと砂防区域を示す地図看板がある。そこから徒歩で登って行くと、滝の音がして金山大池堰堤下流面の石積みの一部が見えた。金山大池は砂防施設としての位置づけであった。上流面はコンクリートを張り、かつ中央切り欠き越流と砂防

金山大池堰堤の下流面：右下に見える円管が底樋（⇨部分）。

目録 69、70

堤高	金山大池：約10m、大谷池：約15m
竣工	不明*
用途	農業用水
管理	地元の水利組合

＊おそらく1930~1950年の間

ダム風に改修されているが、上流面鉛直・下流面傾斜であり、堤趾中央に底樋（→P265）があることから、元々は水を貯める農業ダムであり、改修後に砂防機能が付加されたことがわかる。直下流に降りて見上げると、立派な石積みの上を全面流下する様は見応えがある。

●次に大谷池堰堤へ移動。より狭い山道を川沿いにしばらく行くと、ダム天端左岸に着き、堰堤の上流面を眺めることができる。天端左岸に管理小屋があり、維持管理をしている。

金山大池堰堤の上流面：切り欠き部に階段がある。

堤体は砂防ダム風に手を加えられているが、底樋があり下流面傾斜であることから、これも水をためる農業ダムであることがわかる。金山大池よりも大きな貯水池と高い堤高を有しており、石積みの上を全面流下する水量も多い。残念ながら木々に隠れて全体を写すことができなかったが、これほど大きな石積み堰堤が密やかに山奥に鎮座しているとは驚きである。

島根県内の知人から入手した両ダムの資料から、いずれも農業ダムとして現役であり、地元の水利組合によってしっかり管理されていることがわかった。

両ダムとも本書の国内石積み堰堤目録に加えることにした。こういう知られていない石積み堰堤が日本にはまだ多く残されているかもしれず、石積み堰堤の全数を明らかにするのは容易なことではないと再認識した。（K）

大谷池堰堤の越流：切り欠き後の幅広い頂部。

大谷池堰堤の下流面：滝音を立てて流下している。

久山田ダム（広島県）

「石積みの魅力が詰まった可愛い堰堤」

●湖畔に尾道大学のある久山田貯水池は、バス停となっているダムサイト（→P39）の愛らしい周辺案内図からも、開けた明るい印象を受ける。堤体は小ぶりながら大きく弧を描く美しい姿をしており、現地のプレートによると「重力式とアーチ式（→P95）を複合した構造形式」と説明されている。

●ダムの天端は、両手を広げたほどの幅しかないが、自由に歩行することができ、通学中の小中学生、散歩やランニングに汗をかく人なども多く、地元の人たちに親しまれている様子がうかがえる。ときおり地元の人がバイクで渡ることもある。バス停のある右岸から遊歩道がダム下部に向けて伸びている。その先は堤体の規模に合わせて、小さいながらも公園のような憩いの場が造られている。

近代水道の開発に伴って全国に造られ始めた日本のコンクリートダムは、都市の水道水源であることから市街地の外れの山裾に位置することが多く、古いインフラ施設なが

大きく弧を描くアーチ形状の堤体：装飾はないものの美しく整った石張りは、瀬戸内の石工たちの腕前を表している。

目録 29

堤高	22.5m
竣工	1924年
用途	水道用水
管理	尾道市水道局

ら周辺は公園のように整備されているものが多くある。

周辺に暮らす人たちの生活のすぐ近くにあり、地元の人たちに親しまれている姿も、そうした石積み堰堤の特色の一つといえる。（S）

副ダムを見下ろす：アーチ状に湾曲した堤体は石積み堰堤に多い特徴の一つ。久山田堰堤ではていねいに副ダムもアーチ形状で統一されている。

狭い天端道路：取水設備の張り出しは待避所がわりに造られた。

栗原ダム（広島県）

「砂防出身の貯水ダム」

●広島県尾道市は、古くから瀬戸内海の良港として発展したところである。1898（明治31）年に広島に次ぐ県下2番目の市として発足した。市街地は7割以上が埋め立て地だったため、当然ながら地下水には塩分が多く含まれ、飲用に適さなかった。流水を利用するような河川にも恵まれていなかったため、湧水量の十分ではない山麓の井戸水を飲料とするしかなく、公共井戸が使われていた。都市の発展による人口増加で井戸水では賄いきれなくなり、近隣の町村から船や車で搬水してやりくりするという苦しい水事情があった。

　栗原ダムは、尾道市水道の第2次拡張工事の水源施設として戦時中に着工され、物資不足による中断を経て戦後に竣工した。時代的に、石積みとしては、ほぼ最後のダムである。その経緯は、1941（昭和16）年4月に広島県が栗原町門田地内の砂防堰堤工事に着手したことに始まり、直後にこの砂防堰堤を水道施設も含めて多目的に使用する

栗原ダムの下流全景：堤体の形状を見ると下流面よりも上流面のほうが傾斜している。そのため遠目で見ると非常に高い壁面に見える。

目録 67

堤高	19.0m
竣工	1950年*
用途	水道用水
管理	尾道市水道局

＊2012年改修

こととなり、市が一部工事費を負担して堤高を高くした。途中、第二次世界大戦で工事の中断はあったが、1950（昭和25）年に竣工した。水道用水だけでなく、砂防や農業用水の確保も目的に入ったダムである。

●栗原ダムは、地元では「門田貯水池」のほうがよく伝わる。現在の門田貯水池は予備水源となっていることから水位を下げて運用しても影響が少ないということと、近年の地震対策と堤体の安全性を考慮して2012（平成24）年度に今の姿に改修された。

表面をおおうのは谷積み（→P108）である。現在は、中央の水通し部が大きく切り欠かれているが、堤体をおおう美しい石積みは往時のままである。このように砂防堰堤として築造され貯水を担っているダムは国内にいくつか確認されているが、石積みのダムでそういう運用がされているところは少なく、歴史的にも非常に価値がある。

安全性を考慮しながらもこの美しい形状を残し、現役で働き続けられるダムとして役目を全うできる改修を選択した尾道市水道局の判断は素晴らしいというほかはない。（Y）

左岸道路から：元々砂防ダムであったため、中央部が低かった。

直下流から：下流面傾斜が急なため、実寸よりも高さを感じさせていた。

改修前の栗原ダム（2007年撮影）。堤体左岸から：上流側にも傾斜しているためか中央の越流部の高欄が屈曲している。

帝釈川ダム（広島県）

「峡谷を塞ぐ巨大なくさび（楔）」

●帝釈川ダムは、水力発電を目的として山陽中央水電によって築造された。帝釈川発電所の運転開始は1924（大正13）年であるが、ダム自体は1923（大正12）年末に竣工した。当時、国内で最も高いダムであり、記録では堤高が56・4メートルであった。さらに1931（昭和6）年に5・7メートルの嵩上げ（→P19）がおこなわれ、堤高62・1メートルとなった。

帝釈川ダムは現在、中国電力が管理している。1966（昭和41）年には洪水時に安全に放流できるようにリニューアルされ、2004（平成16）～2006（平成18）年には大規模な改修工事を実施。旧堤体を感じられる部分はなくなっている（堤高も62・4メートルに変更）。

●このダムの特徴は何といっても狭隘な谷を塞ぐその姿である。ダムの高さ（堤高）に対してダム天端の長さ（堤頂長）がきわめて短く、日本でいちばん縦長のダムであることにはまちがいない。ダム本体を見るためには観光船で

2006年、2次改築前の様子：下流面の石積みが見える。　写真提供：中国電力

目録 26

堤高	56.4m→62.4m
竣工	1923年*
用途	水力発電
管理	中国電力

＊1931年1次改修（嵩上げ）、2006年2次改修（増厚）

ダム湖を行く方法もあるが、貯水池から立ち上がるダムの上部しか見ることはできない。それに対し、左右の山から散策路を進んで堤体まで行く方法を取ると、天端の立ち入り・通行が自由であるため、天端や堤体左右の通路から谷の深さをゲートハウス*の間を通して垣間見ることができる。まさにくさびというのがふさわしいダムである。

●「くさび」というきわめてコンパクトな堤体で造り出された ダム湖・神龍湖（しんりゅうこ）の総貯水量は1400万立方メートル超と巨大だ。1931（昭和6）年の1次改修後のダムの体積はわずかに3万1000立方メートルであることを考えると、小さなダムで大きな貯水池を形成するという最も効率的な形がここに表れていることがわかる。逆にいえば、このダム建設用地での工事にはたいへんな労苦が伴ったであろうことは想像に難くない。

●古いダムは老朽化という問題を常に抱えている。帝釈川ダムも建設後80年も経つと、漏水（ろうすい）など堤体の劣化が目立つようになり、洪水に対する流下能力不足や耐震性不足という安全上の課題を抱えていた。そこで平成の大改修工事

トンネル洪水吐きの呑み口。

堤体頂部と貯水池（神龍湖）。

堤体下流面：左岸下部から維持流量*を放流している。

用語解説……**ゲートハウス**●ゲートを引き上げたときに収める家屋で、なかに巻き上げ機やクレーンなどが設置されている。
維持流量●河川本来の機能を維持するために最低限必要な流量。

（２００４年８月〜２００６年８月）がおこなわれた。再開発によるさまざまな技術難題の克服によって、２００７（平成19）年には土木学会（→P47）とダム工学会*の２大技術賞を得ている。

現在、竣工時の石積みを見ることこそできないが、帝釈川ダムを讃える言葉は数多く存在する。なお、前のページには現地訪問時（２０１５年、２０１７年）の写真を掲載するが、堤体を俯瞰できる場所がなく、局部的な写真ばかりとなった次第である。（Y＋K）

2004 〜 2006 年時の工事状況：石積み下流面への足場工の設置。
写真提供：鹿島建設

2004 〜 2006 年時の工事状況：竣工後の一新した下流面。
写真提供：鹿島建設

2004 〜 2006 年時の工事状況：下流面へのコンクリート打設。
写真提供：鹿島建設

本庄ダム（広島県）

「名門の威信と誇り」

●本庄ダムの竣工は1916（大正5）年。建設のきっかけは、1889（明治22）年、日本海軍の鎮守府が呉市に置かれたことに始まる。鎮守府は海軍の重要拠点として、呉、横須賀、舞鶴、佐世保の4か所に置かれている。呉には鎮守府のなかでも大規模な海軍工廠が造られた。呉海軍工廠は戦艦大和を建造した造船の名門である。当時およそ10万人が就労する、世界でも稀に見る大規模な軍需工場であり、この呉海軍工廠や就労者の住む街の水道水を確保するための軍事施設として建設されたのが本庄ダムである。

時代は移り、水道施設ごと呉市に引き継がれ、現在も市の水道水源として現役で水を送り続けている。付近の敷地には、部分的に今も海上自衛隊の土地が点在している。

現役の水道水源として、通常は厳しく立ち入りが制限されている。桜の開花に合わせ、花見シーズンのみ毎年一部開放されることもあるが、今回は本書のために特別に見学させていただいた。

用語解説……ダム工学会●日本の学術研究団体の一つ。略称は「JSDE」。

普段は見ることのできない本庄ダム。近くで鑑賞できるのはたいへん貴重。

目録 12

堤高	25.4m
竣工	1916年
用途	軍港用水→水道・工業用水
管理	呉市水道局

●美しく管理が行き届いた敷地の先に、ゆったりと大らかな弧を描く本庄ダム。クレスト（ダムの堤頂部）は立体的な石積みにより下流側にせり出し、それを支える扶壁（→P169）が独自のリズム感と、彫りの深い優美な表情をもって訪れた者を魅了する。複雑で凝った装飾は見た目の良さもさることながら、緻密な設計と高度な施工をもってこそ実現可能といえる。しかしそこは帝国海軍である。軍港などの港湾工事により、高度な土木技術をもっている。切り出した石を寸分違わず、しかも頑丈に積み上げることなど何も問題なくできたと考えられる。

実際、本庄ダムは現在に至るまで、設備の建具などの修繕以外竣工当時からほぼ手を加えられていない。寸分の狂いもない完璧な姿は現在も変わらないのだ。

クレストの端に連なる鋼管製の手すりやその装飾は、本庄ダムのほかにも桂貯水池堰堤（→P235）や、奥小路低所ダム（広島県江田島→目録21）にも見られ、海軍が建設したダムに特徴的な部分といえる。

●建設当時、西洋建築は近代化のシンボルであった。本庄ダムも西洋建築をモチーフにしてデザインされたものと思われるが、現地で見る限り、この堰堤のデザインが特殊なニュアンスをもっていることもまた事実である。華美な装飾はバ

堤頂部：白い御影石によく似合った鋼管製の淡いブルーの手すり。

ロック建築をイメージさせるが、天端に建つ取水設備の屋根は庇のある大きな屋根で、西洋建築とは全く異なる要素を含んでいる。これはアジアや日本の木造建築を思わせると考えると、クレストの造形や、立ち並ぶ扶壁は神社仏閣の梁や柱のようにも見えてくる。

石積み堰堤は、諸外国で開発され日本に輸入されてきた土木建築である。当然、堤体の装飾は西洋の様式に準えるのがスタンダードであり、実際、神戸や長崎の石積み堰堤は、当時の西洋建築を思わせる歯飾り（デンティル→P183）がクレストに並ぶなど、西洋建築の潮流に沿ったものである。

しかし、本庄ダムは、そこから一歩踏み出した、日本独自の様式美をめざしていたことを匂わせる。さらにいえば、この独自性のある外観に、このダムを設計した帝国海軍の誇りのようなものが感じられる。

海軍の力を象徴する華美な装飾を施し、軍事施設として築かれた本庄ダム。この威厳と誇りに満ちた美しい堰堤は、100年を経た現在も、呉市水道局の人たちの手で大切に守られている。（S）

下流面から見たところ：立体感のある装飾が陰影をつくり、効果的に堰堤を美しく見せている。

大谷（おおたに）貯水池堰堤（山口県）

「隠された山口の秘宝」

●石積み堰堤をコンクリートダムのなかで希少なものとしているのは、初期のダムであるが故の存在の古さである。特に、すでに取水を終了し、何処（いずこ）かの山中でひっそりと余生を送っている廃（はい）ダムとなると、あらゆる情報が手軽に得られる近年のネット社会においても情報はほとんどなく、現存しているかさえわからないダムもある。さらに、それが国や県のダムではなく、一般の企業が建設した社用ダムとなると、情報の出所が極端に絞られ、もはやゴースト的な存在となる。

そういった幻のコンクリートダムの隠れた宝庫として注目されているのが、山口県から北九州のエリアである。ここは何といっても国産のセメント産業の聖地であることが重要だ。

国産初のセメント工場は、東京の江東区で1873（明治6）年に始まった官営工場であるが、これに刺激を受け、困窮していた旧藩士のために地元の豊富な石灰石を利用して興したのが山口県のセメント産業の始まりといわれている。現在も山口県から北九州にかけては、全国のセメント工場の3

姿を見せた大谷堰堤：ネットで簡単に情報が入手できる世の中にあって、ほとんど人に知られることなく存在していた。

目録 59

堤高　27.3m
竣工　1938年
用途　工業用水→不使用
管理　日立製作所

分の1が集中している。当時まだ貴重な建材であったコンクリート（セメント）の調達に有利であったことは容易に想像がつく。瀬戸内の静かな臨海地区は古くからの工業地帯が広がっていることから、いまだ知られていない社用ダムが潜んでいることも推測される。大谷堰堤は、そうした社用ダムの一つである。「ダム便覧」（日本ダム協会が運営するダムに関する日本一の総合情報サイト）にも掲載されていない、古いダムだ。

●山口県の某所、瀬戸内の海が見える集落の外れから山に分け入り、完全に廃道と化した先にダムはある。近隣の倉庫やダムに関すると思しき建物を見る限り、めざすダムはすでに役目を終え、余生を送っていると思われた。

茂った木々に遮られた薄暗い山林のなかを登っていくと、道はさらに狭くなり、険しさを増す。朽ちた土橋を慎重に渡る。足元を水が流れやがて行く手には急なガレ場のような坂道が立ちふさがる。

登りきった急坂の上は視界が開け、空が浮かぶ。眼下には静かな水面。初めて見る「大谷貯水池堰堤」は、整然と積まれた布積み（→P107）の間知石（→P121）。その端正な佇まいは、実際の寸法（堤高27・3メートル、堤頂長59・1メートル）よりも大きな印象を受ける。

開放されている天端（てんば）を渡ると、中央に取水塔がある。半円形のスタンダードなものだが、屋根の形状や質感を変えた壁のデザインは、シンプルながら品の良さを感じる。取水塔の扉の上の〝大谷溜池〟と刻まれた扁額に「鮎川義介（あゆかわよしすけ）」の文字が見える。

鮎川義介は、後に日立製作所の基盤となる久原（くはら）鉱業の初代社長、久原房（ふさ）之助（のすけ）の義兄で、1928（昭和3）年に2代目社長に就任している。大谷堰堤は1938（昭和13）年の竣工なので、建設当時の社長は鮎川義介というわけである。（S）

鮎川義介の揮毫（きごう）による銅板。

江畑(えばた)ダム（山口県）

「地元の執念が実った灌漑用ダム」

●江畑ダム（江畑溜池堰堤）は、灌漑用ダムのなかで重力式コンクリートダム（→P312）としては国内初である。1930（昭和5）年に竣工し、現在も農業専用として貯水・給水機能を果たしている。石積みなど文化的価値から、2001（平成13）年10月に国の登録有形文化財に指定された。

●江畑ダムの前身として、1889（明治22）年に現ダムの上流約500メートルの地点に灌漑用のアースダム（土堰堤(どえんてい)）が造られたが、竣工の翌年に大雨で土堰堤が決壊するという惨事が起きた。そのため、もう一度この川筋に堰堤をという話が出たときには激しい反対の声も上がった。

そうしたなか、水不足に苦しむ地元の灌漑用水を安定的に確保するためには大きな貯水池をどうしてももたなくてはならないと必要性が説かれ、江畑谷にどうすれば貯水池を設けることができるか検討が続けられた。地形地質などの視点から、従来型のアースダムの築堤方法は適さないと

堤体下流面：均整が取れた設計で、花崗岩(かこうがん)の石積みはしっかりとした状態にある。洪水吐き（→P111）としてゲートレスクレスト（機械式水門のない放流口のみの洪水吐き）が3門、ダムのほぼ中央上部にある。

目録 46

堤高	14.4m
竣工	1930年
用途	農業用水
管理	阿知須(あじす)土地改良区

いう答えにたどり着き、水道、発電などの分野で竣工例が現れてきた重力式コンクリートダムに行き着いた。国では1923（大正12）年に用排水改良事業補助制度（→P15）が始まり、これも新ダム建設の追い風となった。

●これらの経緯は、江畑ダムに向かう道路の途中にある石碑に記されている。いちばん上には「溜池竣功記念」の文字が誇らしげに刻まれている。土堰堤で起きた決壊事故を教訓としながら、下流の田畑に水を安定供給したいという気持ちの結晶として姿を現した江畑ダムは、質素で堅固。下流の人に安心感を与えるべく、華美な装飾を捨てたのではと思わせる様相のダムである。しかし、その造作が素朴であるというだけで、粗いということではない。越流部の石材と堤体の接続のエッジなどを見ると、非常にていねいな仕事をしていることが読み取れる。（Y＋K）

右岸堤趾部：底樋（そこひ）から流れる取水は現役の証、端部も精巧な石積みは変わらない。

天端入口：コンクリート造りの凝った意匠。

取水塔付近上流面：大きめの切石による石積み、鉛直面凹部に花崗岩の白い地肌が残っている。切り出しもていねいで凹凸は少ない。

豊稔池ダム（香川県）

「ダムに願いを」

●豊稔池ダムはマルチプルアーチ式（→P312）の堰堤である。これは、堤高の低い小堰堤を含めても国内には3例を数えるのみの希少な形式であり、石積み堰堤でこの方式は唯一の存在だ。

竣工は1930（昭和5）年。農業用ダムとして竣工した。その後、1997（平成9）年に国の登録有形文化財に、2006（平成18）年には国の重要文化財（建造物）の指定を受けた。1988（昭和63）年から1994（平成6）年にかけて、ダム湖側の表面をコンクリートでおおうなどの補強工事がおこなわれている。

豊稔池ダムの建設は、地元住民らの手によるものだったとされる。古来あったアースダム（土堰堤）の場合は、水の受給者が自ら堰堤の建設に従事する事例は多いが、コンクリート製の堰堤の建設の場合はそう多くない。このとき、開発の指導にあたったのが、佐野藤次郎（→P52）であった。

希少なマルチプルアーチ形式の外観：立ち並ぶ扶壁とアーチ状の遮水壁が美しい。その風貌は、ヨーロッパの古城にもたとえられる。

目録 44

堤高	32.3m
竣工	1930年*
用途	農業用水
管理	豊稔池土地改良区

＊1994年補強終了

●開発当初は重力式ダムとして計画されていたものの、基礎地盤が思いのほか深かったことにより、現在のマルチプルアーチ式が採用されたといわれている。

マルチプルアーチは文字通りアーチ式ダムの多連構造を示すが、扶壁（ふへき）（→P169）と大きく傾斜した遮水壁*の組み合わせで水を受け止めるこの豊稔池ダムの構造は、アーチ式ダムより、傾斜した鉄筋コンクリートの薄い遮水壁を柱と梁で支えるバットレスダム（→P312）に近いものといえる。

バットレスダムは当時まだ高価であったセメントの量が少なくてすみ、そのことから水圧を重さで支える重力式と比べ堰堤自体が軽量ですむ。その特徴により、火山灰地質などの軟弱地盤でも建設が可能とされてきたダム形式で、豊稔池ダムの開発と同時期に全国に建設されていた。開発設計者の思考次第で、この豊稔池がバットレス式を採用していたとしても何ら不思議ではないだろう。

その一方でバットレスダムは柱や梁の構造が複雑で、施工に複雑な型枠を扱う手間と技術が必要という問題があった。ここでキーとなるのが、建設に従事していた地元住民

用語解説……遮水壁●水をせき止める壁のこと。

石積みアーチ：見上げるとアーチは垂直ではなく、下流側に大きくおおいかぶさっている。

オーバーハングするアーチにぴったりと背中を付け、上を見上げる。湾曲するアーチと垂直にそびえる扶壁の間に狭い空が見える。

の存在だ。また、以前から九州を中心に西日本では多くの石造アーチ橋が造られてきたこともあげられる。連続するアーチを石積みで築いた豊稔池ダムは、有名な長崎の眼鏡橋などの石造多連アーチ橋によく似ている。豊稔池ダムの構造は、石造多連アーチ橋をそのまま横倒しにした状態に非常に近いともいえる。ダム建設の経験が皆無である地元住民による施工を、確実かつ容易に進めるため、すでに確固たる技が継承されているアーチ橋建設の技術が応用されたのではないかと推察される。

●通常、ダムや貯水池の名前はその土地の地名に由来するのが慣例であるが、この貯水池は地名に由来しない名が命名されている。

長崎の眼鏡橋。

「豊かな稔り（みの）の池」と書いて豊稔池。地理的に近い満濃池（まんのういけ）（かつて弘法大師も関わったとされる由緒あるアースダム）と言葉の響きも近く、それにあやかった部分もあるのだろう。この美しいダムの建設に従事し、見事に築き上げた地元住民の思いが強く感じられてならない。（S）

右岸に立つ立派なダム碑：米（稲穂）のレリーフが農業用ダムであることをよく表している。

高薮取水ダム（高知県）

「曲線越流部の伝統」

●四国の大河川、吉野川の中流にある早明浦ダムのさらに上流、深い谷間に美しい石積みのダムが現れる。堤高が11.6メートルなので、現行の河川法でいうところのダムにはあたらず、取水堰という区分になる。

●ダムのすぐ下流にある道路橋から、ダムを見下ろすことができる。ごつごつした河床の岩の上に、ダムを形づくる玉石が、河床の岩に合わせて裾を広げ積み上げられている。まるで河床から突然ダムが生えてきたかのようだ。古いダムではよく見られるが、岩盤を掘削せずに元の渓谷の形状を残しているので、このような仕上がりとなる。

表面に使われている石は角の取れた丸石（大きさと形状はバラバラ）で、乱積み（→P109）風に積まれている。これはほかの石積みダムにおいてあまり見られないことから、独特の美しさを醸し出すのに一役買っている。

緩やかな弧を描く越流部はモルタルでなめらかに補修がなされている。長く働いてきたことと今でも現役であるこ

下流側：下流の橋上から見下ろす全景。

目録 45

堤高 11.6m
竣工 1930年
用途 水力発電
管理 住友共同電力

との証だ。流れてくる流木などで衝撃を受けやすく、水の力もかかりやすいためにこの部分の石が摩耗したり、剥離してしまうことは、石積みダムでは割と多く見られる。

●石積みの曲線を描く越流部に対して、右岸側にそびえるのは段々になっているゲート部である。右岸には岸との間に階段状になった魚道（→P237）が通っている。

　ゲートは二つ。位置から考えて土砂吐き（→P37）であると考えられる。土砂吐きのある右岸堤は、石積み部分と高さを揃えるように角落とし（→P223）のような板がはめ込まれている。土砂吐きのゲートの上にも越流したときに備えてなめらかなカーブがつけられている。

　もう一つの越流部に近い流路は川の中央に近いので、これは流木路（→P239）として設けられたものであることがわかる。現在は、洪水などで上流から流れてきた木や塵を捕捉したら、そのまま下流に流さず、ダムで引き上げて処分するように法令で定められているため、流木路は今では使われない設備になっている。（Y）

高藪取水ダムの下流側：直下流にある橋から下流面の丸石の形状がよくわかる。

堤体下流面：乱積みの丸石がモルタルで固定されている。

柿原第1ダム（愛媛県）

「山の奥深く密やかに」

●宇和島市は気候温暖で肥沃な土地柄であったが、飲料水に恵まれていなかった。井戸はあるが、多くは下水道処理が不完全なために、処理の停滞による土地の汚泥化から水質の汚染が甚だしく、腸チフスなど消化器感染症が風土病のように流行することもしばしばであった。住民は飲料水に困窮し、遠く離れた共同井戸に水を求めたり、水売りから買うなどしていた。1915（大正4）年には上水道の計画が持ち上がったが、当時は市に対する国庫補助はあっても町村に対してはなかったため、実現することはなかった。1921（大正10）年に宇和島市として市制が施行され、水道敷設の機運は高まったが、水源地をいずれに定めるかという問題で進まなかった。翌年、ドイツ人技師を招いて調査をおこなった結果をもとに、具体案を作成。市議会の認可を経て1924（大正13）年に計画ができあがった。

宇和島市初の創設水道は、水源を市内柿原地内の須賀川

柿原第１ダムの天端：貯水池側のパラペット（胸壁＝低い手すり壁）型の高欄は厚みがありコンクリート壁の上に笠石（→ P185）を２列に並べている。下流側は鉄柵で、天端の入口の門には、水道局の「水」のマークが付いている。

目録 48

堤高　18.0m
竣工　1931年
用途　水道用水→不使用
管理　宇和島市

支流、正シ川（ただがわ）の渓谷に石造りの洗堰（あらいぜき）（↓P176）を造り、そこから浄水場までの200メートル余りの距離をコンクリート製の水路でつないでいた。この洗堰は現在も残っており、その姿を見ることができる。玉石を積み上げて越流部が弧を描くように造られた洗堰のすぐ上流には、柿原第2ダムが控えている。洗堰から上流約650メートルのところに、柿原第1ダムがある。

●柿原第1ダムは、1930（昭和5）年に築堤された。現在は下流に須賀川ダムが建設されたため、廃止の扱いになっているが、貯水池の機能は残り、非常用水源として活躍することは可能なダムである。粗石コンクリート造りで、宇和島市の水道事業において第1次拡張計画で、わずか8か月で築堤されたというエピソードをもつ。

●天端（てんば）は、人一人歩がけるほどの幅しかないが、堤体の中央付近の半円の取水塔まで行くことができる。

　堤体の中央には取水設備がある。天端に通路を設けて取水設備まで行き来できるようにし、残りを越流部とするのは千本ダム（せんぼん）（↓P260）と同じデザインである。取水塔は通常、元の川底のいちばん水深があるところに設けられるため、このようなデザインになることが多い。越流長を稼ぐために堤頂に橋梁を設けて橋の下も越流できるようにデザインされているダムもよく見られる。

　取水塔の横まで行くと、越流部を見ることができる。ほかの石積み堰堤と大きく異なるのは、越流部からのなめらかな曲線の上に鉛直矩形のコンクリート越流頂がつけられていることである。ほかの石積み堰堤でこのようなデザインは見たことがなく、増設の可能性もあるが詳細は不明である。

　堤体下流側には木々が生い茂り、枝葉の間から石積みの表面を流れる水をわずかにのぞき見ることしかできない。布積み（↓P107）の切石（↓P120）で水があまり跳ねていないことから、表面がていねいに仕上げられているであろうことだけは見て取れる。（Y）

越流頂：曲線の越流部の上に鉛直の越流頂のある不思議な構造。

堤体下流面（越流部）：木々があり、わかりづらいが、乱れの少ない流下面の状況から石積みの健全性は損なわれていない。

河内ダム（福岡県）

「石積みのロマン」

●官営の八幡製鐵所によって造られ、現在は新日鐵住金が管理する民間企業所有のダムである河内ダムは、日本を代表する名堤である。

第一次世界大戦後、急増した鉄鋼需要を受け、官営八幡製鐵所の増産のために1927（昭和2）年に竣工。製鉄は富国強兵をめざす当時の日本にとって、国力の基幹産業であり、ダム建設には国から潤沢な資金が支出された。製鉄は冷却や洗浄など、多量の水を必要とするため、国策としてダムが築かれることになったのである。

堰堤の高さは43・1メートルにも上る。これは超急峻渓谷に建設された特殊な形状の帝釈川ダム（→P272）を除くと、曲渕ダム（→P292）と並んで日本で最も高峰の部類の石積み堰堤である。

河内ダムは、着工時においては国内で最も高いダムとなるはずであった。しかし諸外国の技術を導入し、工事の機械化を進め、石積みではなく型枠工法（→P11）により一歩先に

目録 38

堤高	43.1m
竣工	1927年
用途	工業用水
管理	新日鐵住金

製鉄用の工業用水を供給する河内ダム：総貯水容量700万㎥は、当時東洋一のダムと呼ばれた。

53・4メートルを築堤した大井ダム（→P230）にタイトルを譲っている。そのかわり、河内ダムは昔ながらの人力作業を中心に延べ90万人が関わったという大工事をおこない、一人の殉職者も出さずに竣工したという快挙を達成している。

●現在、ダムの周囲は公園化され、古いダムには珍しく観光用の駐車場も整備されている。常時開放されている天端に足を踏み入れると、天然石の石畳の路面と、錆色に仕上げられたアイアンの手すりが来訪者を迎える。何より圧巻なのは、石材で緻密に細工が施された高欄の装飾である。小さな割石（→P120）がびっしりと埋め込まれていて、どのダムとも違う繊細で手の込んだ装飾に驚かされる。

　大小さまざまな石を巧みに使った装飾は高欄だけにとどまらず、天端に見られる取水塔をはじめ、クレスト（堤頂部）のすべての面をおおいつくす。ダムの下に見られる関連設備の建家や、左岸にある旧管理所も、すべて石の装飾で埋めつくされ、このダム固有の世界観さえ漂わせる。

　これら石積みの装飾は、単に見た目が美しいだけでなく、コンクリートよりも天然石のほうが劣化に強く、恒久的にその美しさを維持できるとの考えがあった。美観だけでなく、機能をもった美しさ、それはダムの真骨頂ともいえる考え方であり、時代を越えて訴えかけてくる。

遠景：堤高 43.1m。国内の石積み堰堤として最大規模の立派なダム。

●右岸には、石垣に囲まれて石碑が埋め込まれている。石碑にはこのダムの設計者であり、建設を指揮した沼田尚徳（ぬまたひさのり）の名前が刻まれている。製鉄所の土木部長であった沼田は、「土木は悠久の記念碑」という思想の下、この河内ダムを建設している。竣工から90年、沼田の思想は河内ダムで生き続けており、それは今後100年経っても変わらない普遍の価値観といえる。（S）

高欄の装飾：細かく割られた天然石が隙間なく埋め込まれている。このような緻密な細工が、189mの堤頂長の端まで続く。

天端の取水塔：切石、割石、野面石（のづらいし）と、さまざまな表情の石で隙間なく装飾されている。

曲渕ダム（福岡県）

「地域に愛され続けてきた堰堤」

●福岡市は昔から渇水と闘ってきた歴史のある都市である。各地にある政令都市のなかで唯一、一級河川が流れていない都市でもある。1983（昭和58）年に流域外を流れる筑後川の受水が実現し、格段に渇水のリスクは低下したが、水道水の安定供給のために今も新規でダム建設がおこなわれている。

福岡市水道局の保有するダムは曲渕ダム以外に脊振、久原、長谷ダムなどがあるが、最も古く市民のために頑張ってきた名堤体が曲渕ダムである。福岡市で初めての上水道専用ダムとして1918（大正7）年から施工され、1923（大正12）年に全国の上水道専用の重力式コンクリートダム（→P312）のなかで9番目に竣工した。水道需要の高まりに応えるために竣工してからも嵩上げ（→P19）をおこなっており、現在の堤高は45・0メートルとなった。

●堤体下流の石積みで、石の間から遊離石灰の白垂れ*が流れている部分が竣工当時の堤体である。その上に、石積みの

曲渕ダムの左岸天端から。

目録 24

堤高	38.9m→45.0m
竣工	1923年*
用途	水道用水
管理	福岡市水道局

＊1934年1次改修、1992年2次改修

貌（色合いと積み方）がすっきりと変わっている部分が続いている。その部分が、拡張工事の痕跡である。工事後、有効貯水量はほぼ倍増した。

曲渕ダムの堤体下流面は布積み（→P107）で、まるで煉瓦積みのようなきめ細かさが美しい。注意して見ておきたいのは、竣工時の堤体と1度目の嵩上げの石積みの違いがはっきり見てわかる部分である。見た目では堤頂から11・55メートル下までの色が違って見える。

その後もきめ細かなメンテナンスがおこなわれ、1989（平成元）～92（平成4）年には、2回目の大規模改修をおこない、天端も改装。高欄をはじめ天端全体が白く華やかな印象を与える花崗岩で整えられ、上品な風格を漂わせるデザインでまとめられた。

●ところで、現在の堤高は45・0メートルで竣工時より13・8メートル、1934（昭和9）年の嵩上げ工事時からも7・7メートル高くなっているが、2度目の嵩上げがされたわけではない。この際に堤高を計測した数値が45・0メートルである。

ではどこで突然、7・7メートルの高さが加わったのかというと、堤高を測定する際に基準とする基礎岩盤の高さが変わったのである。1989年からの改修工事では堤体の上流面、貯水池側の石積み及び奥行40～60センチメート

創設当初（嵩上げ前）の曲渕ダム。

現在の曲渕ダム。

用語解説……遊離石灰●コンクリートやセメント内のほかの物質とうまく結合できず、単体で残った酸化カルシウムなどの成分。白垂れは、その酸化カルシウムなどが雨水などの水分とともにひび割れを通じて外へ析出したもの。

ルのコンクリートブロックを除去し、新鮮なコンクリートを露出させて新コンクリートを打設することになっていた。この際に堤敷の基礎岩盤、岩着部まで掘削し、堆積した土砂も除去している。このときに現れた基礎岩盤の標高は168・0メートルであった。

管理者である福岡市に確認したところ、竣工後の文献では、引水塔から堤体の底を通る暗渠（あんきょ）の底部の標高をもとに堤高を測定し、算出していたようである。標高168・0メートルから測定し直すと、竣工時の31・2メートルに7・7メートルが加わり、38・9メートルとなる。1934年の改修後には6・06メートルが加わるので、約45メートルとなるわけだ。

●曲渕ダムは、曲渕水源地水道施設として福岡市の有形文化財に指定されているほか、近代水道百選、土木学会の『日本の近代土木遺産　現存する重要な土木構造物2800選』などに選ばれている。ちなみに、福岡市有形文化財に指定された際の調査書には「粗石混じりコンクリート、表面　御影石布積」と書かれており、堤体内に粗石（そせき）コンクリート（↓P63）が用いられていることがわかっている。

そのほか、管理所横にはそれらの説明パネルや石碑が並び、現地でダム工事の概要を知ることができる。満々と水をたたえた貯水池は福岡市民にとって憩いの場でもあり、堤体直下には曲渕ダムパークとして公園が整備されている。福岡市民にとても大切にされているダムである。（Y＋K）

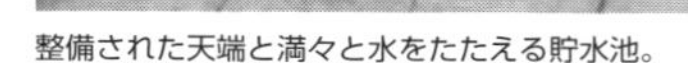
整備された天端と満々と水をたたえる貯水池。

本河内低部ダム（長崎県）
「石積み保存を可能にした最新技術」

●長崎市は坂の多い町として知られている。元々平坦な土地が極端に少なく、市域は港の発展に伴い、一般民家が山腹に移動せざるを得ない状況にもなった。長崎市を流れる河川は浦上川、中島川、鹿尾川といった小河川しかなく、長く水源開発に苦労してきた土地である。

明治初期、市民の近代水道を求める声と居留地外国人の声もあり、消化器感染症の流行を抑えるためにも整備が必要となったため、県と市は吉村長策（→P46）に設計を依頼し、1891（明治24）年に横浜、函館に次ぐ国内で3番目の近代水道を完成させた。さらに水道需要の増加する長崎市では1903（明治36）年に本河内低部ダム、その1年後に西山ダム（→P298）が竣工するが、この二つのダムは共通仕様の多い兄弟ダムである。両ダムの設計施工を指揮した吉村長策は神戸市の布引ダム（→P244）と立ケ畑ダム（→P247）でも活躍したので、神戸市の二つのダムと長崎市の二つのダムは、いとこ関係ともいえる。

下流面：当時先進的だったコンクリートブロックも今や石材に見える。中央下部に天然石積みの取水塔の入口がある。

目録 3

堤高	27.8m
竣工	1903年
用途	水道用水
管理	長崎県

●本河内低部ダムは、「長崎大水害緊急ダム事業」（↓P300）によって大規模な再開発がおこなわれ、歴史価値のある外観を残し、機能と堤体を強化する方法が取られた。

下流面については、再開発前と全く変わっていない。全面的に切石（↓P120）を用いていた神戸市水道のダムと異なり、本河内低部ダムでは、堤体の下流面にコンクリートブロックが型枠として用いられている。年月が進んでいるのでコンクリート面も味わい深くなり、よほど近くに寄らない限り平滑化した切石の布積み（↓P107）に見える。

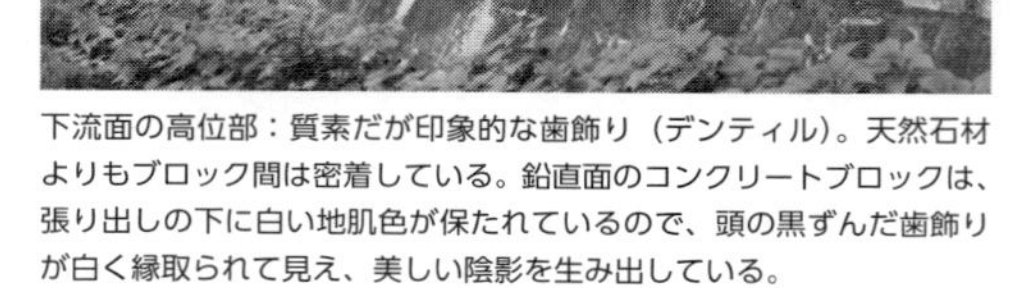

下流面の高位部：質素だが印象的な歯飾り（デンティル）。天然石材よりもブロック間は密着している。鉛直面のコンクリートブロックは、張り出しの下に白い地肌色が保たれているので、頭の黒ずんだ歯飾りが白く縁取られて見え、美しい陰影を生み出している。

下流面頂部には、神戸市のダムと同じくイギリス風の意匠が施されている。高欄下にはアーキトレーブ（↓P213）の張り出しがあり、その真下に並ぶ歯飾り（デンティル↓P183）は、布引ダムの細かく掘りの深い表情（↓P245）とは異なり、大きめで浅い造形である。上流面は、表面に凹凸のある切石となっており、表面が平坦な下流面との貌立ちが異なり、柔らかい雰囲気を醸し出している。この旧堤体の貯水池側に、天端から一段下がって通路が設けられている。この通路から下が強化された新設の腹付け（↓P167）部分にあたる。

新設された堤体は、風格を損なわないようにていねいな仕上げがなされている。今は真っ白で旧堤体とのコントラストは強いが、年月とともにその差は少なくなり、風格が増していくことは間違いない。

●外見上、最も目を引くのが、新設された鉛直の朝顔型洪水吐き（↓P111）である。ここから呑み込んだ洪水は、下流にある減勢工（↓P45）まで堤体下のトンネルを通って送られる。洪水吐きの横腹には流入口が設けられ、これによって水位は維持される。大雨で水位が上昇しても流入口が呑み込む流量は制限されるために、洪水は調節される。

さらに貯水位（→P160）が上昇しても洪水は朝顔型の円形頂から越流して、これ以上貯水位は上がらないようになっている。

左岸側の階段状になった洪水吐き越流部は、1903年の竣工時に造られた既存の洪水吐きであり、その文化的価値も高い。画期的な洪水吐きシステムによって、石積みの改変は最小に抑えられたが、表面が堤体上流面と揃いの新しい切石で美しく飾られているのは、当ダムの歴史価値に対する敬意の表れであろう。（Y＋K）

天端から一段下がった通路。

新設された堤体。

新設の朝顔型洪水吐き（左）と110年以上経つ既設の洪水吐き。

西山（にしやま）ダム（長崎県）

「新旧のダムが並ぶ不思議な光景」

●長崎市にある西山ダムは、同じく長崎市にある本河内（ほんごうち）低部ダム（→P295）に続いて竣工した、日本で4番目に古い重力式コンクリートダム（→P312）である。

現地に行くと、まず目に入るのは長崎の洋館風の管理所の建物と真新しいコンクリートの白いダムである。新しいダムがつくった貯水池のなかに、天端（てんば）高欄と堤体の上部をのぞかせているのが旧西山ダムである。西山ダムは本河内低部ダム、本河内高部ダムなどと同じように再開発がおこなわれ、旧堤体の下流に新堤体を造るという方法が取られた。現在は下流に真新しいダムが立ち上がり、旧堤体は水没。堤体の上部だけが貯水池の上に顔をのぞかせている。

●西山ダムでは、新旧堤体の天端を散策することができる。新堤体と旧堤体は天端の高さがほぼ同じなので、通常ではなかなか見られない角度から下流側と天端を眺められる。コンクリートブロックを型枠にした下流側は、天然石材を使った布引（ぬのびき）ダム（→P244）と違って貌つきがおとなし

旧西山ダムの下流面と新設西山ダム：新ダム（右側）によって旧ダム（左側）は半分水没している。真ん中には管理所が見える。

目録 4

堤高	31.8m
竣工	1904年
用途	水道用水→水道・治水
管理	長崎県

＊データは旧西山ダム

い。一方、新しく造られた西山ダム新堤体は凝った意匠で、デザインにも隅々まで気配りがなされている。天端高欄もお洒落な鋳鉄（ちゅうてつ）風で上下流に閉塞感がなく、ダムの天端というより、美しい橋のように見える。

旧堤体の下流に新しく堤体を建設し、旧堤体が貯水池に沈んでしまうことは稀ではない。多くは新しく造られるダムの規模が大きくなり、旧堤体が廃止となって沈むことになるため、旧堤体が貌をのぞかせていることが少ない。堤体に立ち入りができないダムも多いことを考えると、この歴史ある西山ダムの旧堤体と新堤体を残し、しかも散策路を整備している現在の管理は素晴らしいサービスともいえる。この地で永く市民に愛されてきた西山ダムに対する敬意が払われ、貯水池に沈む旧堤体に負けない美しさと洪水に立ち向かう力強さを感じられる設計である。（Y）

旧西山ダムの洪水吐きの切削部：右岸の端は大きく切削され、旧堤体の向こう側に広がる貯水池と新堤体が造る貯水池がここでつながる形になっている。

旧西山ダムの天端道路：石畳風の舗装。

新西山ダムの天端道路：明治期風の装飾が施された高欄。

コラム◆◆◆◆◆長崎大水害緊急ダム事業

長崎市のダムを語るときに、触れなくてはならないのが1982（昭和57）年7月の長崎大水害である。

対馬（つしま）海峡を通過して西からやってきた低気圧の動きが遅く、これによって南海上から北上した梅雨前線が長崎県の中心部から南部に停滞し、記録的な短時間豪雨を降らせた。南西側が海に面し、北東側が山でさえぎられている長崎県の地形が、梅雨前線の活発化を助長。この梅雨前線によってもたらされた降雨は、長崎市にすさまじい被害を与えた。長崎市北部の長与町役場に設置された雨量計で観測された「1時間雨量187・0ミリメートル」は、気象庁が観測を開始してから最大の値である。各地に尋常ならざる豪雨被害が毎年のようにあるにも関わらず、この35年前の降雨記録は、いまだ塗り替えられていない。

普通の集中豪雨は雨が降っても1時間以上、100ミリメートルを超えるような降雨強度で続くことは少なく、雨のもととなる積乱雲が上空から移動、または消滅すれば20～30分でやむことが多い。降った雨の勢いがすさまじくとも、1時間あたりの降雨量として測定すると100ミリメートルに達することはあまりない。

しかし、長崎大水害の際には、1時間に187ミリメートル降り続いている。その前後にも時間雨量100ミリメートルを超える猛烈な雨が3時間以上にわたって降り続き、累計雨量は3時間で313・0ミリメートルに達した。この豪雨は夕刻から夜半にかけて続き、7月23日17時から24時までの7時間で448ミリメートルにも達した。これによって、斜面が多く、山腹に民家が密集する傾向のあった長崎市街地では、短時間に同時多発的にがけ崩れ、土砂崩れといった土砂災害が発生。道路は次々と寸断され、川に濁流が流れ込んで橋は落ち、たいへんな都市型大水害が起きたのである。結果、長崎市内を中心に長崎県だけで299名の死者・行方不明者が出るなど大災害となった。

都市の雨水排水、下水の流下能力は、おおむね時間雨量60ミリメートルを基準に整備されてきた。雨水、下水はポンプで圧送したりせず、パーミルレベルの勾配（1000メートルに対して高低差1メートルの勾配）で自然に流下させていることが多く、土地の外表をおおう舗装などで地中に浸み込むことなくいっせいに排水路に水が押し寄せると、排水機能はマヒしてしまう。現在でも、都市を破壊しうる降雨強度なのである。

この豪雨により、長崎市水道局の本河内高部ダムは貯水池上流で土砂崩れが発生した影響もあり、非常用洪水吐きの処理能力を超える水が堤体を直撃し、アースダム（土堰堤）にとって最も危険で回避しなくてはならない越流をぎりぎりながら経験することとなった。このときの写真を下に掲載した。

この長崎大水害を機に、長崎市で始まったのが「長崎水害緊急ダム事業」である。それまで水道専用ダムとして活躍していたダムに治水機能をもたせ、治水容量を強化するという内容である。大雨のときには雨を受け止めてダムにため込むので、水道用の水を容量いっぱいまでためておけない。その分は新設ダムで必要量を賄い、各々のダムで水をためつつ、豪雨の際は貯留もおこなうという考え方で、治水のための貯留容量を確保するのである。

この事業が計画されたのは1983（昭和58）年からであり、水道専用ダムとして活躍していた本河内高部、本河内低部、西山、浦上の各ダムの貯水容量の一部を、洪水時に水をためて調節できるように空けておく治水容量に変更することになった。これらのダムは歴史が古く、ダム自体に建造物として非常に価値があることや、元々平地が極端に少なく人口の増加と宅地造成が厳しい長崎市郊外において現在のダム湖を大きくすることも困難であること、ほかにダム建設に適したダムサイト（→P39）が少ないことなどから、それぞれに適した再開発工事が選択されることになった。現在は最後の事業である浦上ダムの再開発が進んでいる。（Y＋K）

上流の山体崩壊による大量土砂を寸前でとめた本河内高部ダム（1982年7月の豪雨）。

写真：長崎県

小ヶ倉ダム（長崎県）

「ダム庭園として一般公開」

●小ヶ倉ダムは長崎市の人口増加に伴い、第2次水道拡張計画として建設されたダムである。明治大正期に建設された4ダムのなかでは、堤高が最も高い41・2メートルである。小ヶ倉ダムより先に竣工していた本河内低部ダム（→P295）、西山ダム（→P298）はいずれも非越流堤体で、洪水吐き（→P111）は堤体の横の地山（自然のままの地盤）の上を走らせる形で付けられていたが、小ヶ倉ダムは中央越流型で10門のゲートを備えている。洪水吐きの門数の多さに対応するように、直下には立派な減勢池（→P45）が造られている。

本河内高部、本河内低部、西山の各ダムの貯水により、長崎市の水道事情は制限給水から開放されたが、1917（大正6）年には干ばつのために制限給水、断水が繰り返される状態となったため、市は井戸の整備活用を促した。しかし、第一次世界大戦の影響で好景気であったこと、人口が都市に集中したことなどで給水人口の増大を招くこと

小ヶ倉ダム下流面：10門の自由越流長を備えた堤体の直下には減勢池の副ダムも備えられている。

目録 33

堤高	41.2m
竣工	1926年
用途	水道用水
管理	長崎市水道局

になったため、水源地を増設するための調査を開始。その結果、地下水は全く見込みがないということになり、中島鋭治（→P43）の意見により、新貯水池を築造することになった。本河内高部、西浦上村、小ヶ倉などの候補地があげられたが最終的に小ヶ倉が選ばれたということである。『長崎水道百年史』には、中島の計画・設計・施工とていねいな技術指導ぶりが記されている。

●水道水源のダムは貯水池や堤体に近づけないところも多いが、小ヶ倉ダムでは長崎水道創設100周年を記念し、1992（平成4）年に堤体直下を、「小ヶ倉水園」として整備し、一般公開している。公園内には長崎市水道局の浄水場で実際に使われていた日本初の有孔ブロック型集水装置の実物や、竣工当時の長崎市の水道ダム写真がプリントされたプレートなどが公開されていて、展示物も豊富である。

図面では余水緩衝池と記されている減勢池を形成しているのが、弧を描く副ダム（→P113）である。副ダムの下も

1992年竣工の小ヶ倉水園。

副ダム：アーチ状の減勢池を形成している。

石垣と水溜り、植栽が円弧に配置されていて、クレストゲート（ダムの堤頂部に設置されているゲート）から越流があった際にはこの減勢池に美しい水景色が現れることは間違いない。

●堤体表面は上下流面とも切石（→P120）であり、越流部、非越流部ともに布積み（→P107）による表面の仕上げにムラはない。また、堤体の基礎を落水の力で傷めてしまうことがないように、堤体の裾にあたる堤趾部に導流壁（→P263）がそびえている。クレストゲートから流れ落ちた水は暴れることなくこの壁の内側で減勢池にまとめられ、弧を描く副ダムを越え、同じく弧を描く石垣と庭園の水路を巡り、川へと導かれる仕組みである。

　小ヶ倉ダムの下流面に用いられている切石は山口県の徳山御影石である。国会議事堂、京都迎賓館の外装材として用いられていることで有名だ。造られてから90年以上が経過したことで、カビにおおわれて重厚な黒色の石壁と化しているが、竣工直後は白亜の壁であったことがクレストゲートの門柱の部分の白さを見ることで想像できる。（Y）

右岸直下の堤趾部導流壁。

クレストゲートの門柱：ほかと比べて、門柱部分の白さが目立つ。

乙原(おとばる)ダム(大分県)

「別府の楽天地」

●海沿いのわずかな平地と、急斜面に広がる街並をもつ大分県別府市。石積み堰堤の発祥の地である長崎や神戸とよく似た表情の街である。貿易港が石積み堰堤の聖地であるのは、当時、外国から侵入するコレラなどの病原菌の蔓延(まんえん)を防ぐために衛生的な近代水道が求められたことが理由にあげられる。それらと同じく、乙原ダムは水道専用ダムとして建設された。

横浜から始まった日本の近代水道は、乙原ダムができる頃には全国にいくつもの事例があり、乙原ダムを水源とする別府の近代水道は特別に古い水道ではない。しかし、乙原ダムにはほかにはない特色がある。別府の近代水道は日本初の「観光水道」として整備されたのである。温泉街として、別府の発展を目的に造られたのが乙原ダムなのだ。1985(昭和60)年には近代水道百選にも選ばれている。

小柄で愛らしい堤体：堤高 17.2m、堤頂長 60.6m。大正ロマンを感じる取水塔が小さな湖面に静かに揺らぐ。

目録 10

堤高　17.2m
竣工　1916年
用途　水道用水
管理　別府市水道局

●別府の老舗遊園地ラクテンチのすぐ南の谷に、ひっそりと隠れるように乙原ダムはある。遠目には小さな堤体であるが、近寄ってみると、竣工から1世紀を迎えた歴史の重みが感じられる。

100年に及ぶ長い歴史をもつ別府市の上水道は、給水人口の増加に伴い、たびたび拡張を繰り返してきた。そして、1968（昭和43）年、遠く離れた大分川からの取水ルートが開通。現在、別府市の75パーセントをカバーする朝見浄水場では、ほとんどの水を大分川から取水している。乙原ダムの水源は、おもに大雨などにより川が濁るなど、大分川の取水に制限が生じた場合のバックアップを担っている。現在も大切な水源となっているというわけだ。（S）

天端の高柵：部分的に赤煉瓦が使われている。トンガリ屋根は取水塔。

温泉観光地として全国的にも有名な湯の街・別府。街のあちこちから湯煙が上がる。

白水(はくすい)ダム(大分県)
「アシンメトリーハーモニーの美」

●白水ダム(正式名は白水溜池堰堤)は、大分県竹田市の大野川(おおのがわ)の本川上流に造られた灌漑用のダムである。上流面をコンクリート造り、下流面を粗石コンクリート造りで築堤し、重力式コンクリート(→P312)の石造りのダムでもある。堤体の立つ場所の下部が軟弱な地盤であったということで、この地盤を保護するために元々の左右それぞれの地形に合わせて減勢工(→P45)が設けられた。右岸に曲面、左岸に階段状の構造をもつ。この減勢部(流路)が描き出す水紋は日本一と評されることもあるほどに美しい。白水ダムといえばデザインの素晴らしさが特徴であるととらえられがちであるが、特徴があるのはむしろこの構造のほうだといえる。

●正式名に溜池とあるが、多くの溜池のように谷や沢筋に設けられた河道外貯留施設*と異なり、白水ダムは一級河川・大野川の上流に立つ、立派なダムである。

堤高15・0メートル以下であるために河川法によって

用語解説……**河道外貯留施設**●通常ダムは河川をせき止めて水をためるが、例外的に河川流域外にダムを建設して別の地点から取水して貯める方法を取った施設。

堤体の端にはそれぞれの段に接続する見事な曲線が形成されており、この段の一つ一つで流れ落ちる水の勢いが相殺されていく仕組みである。そのため全面越流式で14m以上の瀑布を形成する堰堤でありながら、直下の減勢池には大きな波も立っていない。

目録 58

堤高	14.1m
竣工	1938年
用途	農業用水
管理	富士緒井路(ふじおいろ)土地改良区

正式にはダムを名乗れないとはいえ、その造りは重厚で緻密、計算しつくされた造形美を見せる。近づくと実際の堤高よりもはるかに大きく感じられるのも特徴である。

1999（平成11）年に農業近代化遺産として初の国の重要文化財の指定を受けた。

●十数年前、白水ダムにたどり着くのは容易ではなかった。著名な美堰堤とはいえ、ローカルな灌漑用の施設であることは間違いなく、案内看板一つ出ていなかったためである。大分の焼酎のCMにその美しい姿が採用されてから人気はうなぎ上りとなり、現在では案内看板も駐車場整備も進んで立派な観光地となっている。

観光地になる前は逆に自由に行き来ができたようだが、現在は安全のため、堤体直下の副ダム（→P113）付近には立ち入りができず柵が設けられている。右岸側と左岸側の両方から堤体を観賞するためには大きく迂回しての移動も必要になるが、その手間をかけてでもこの堰堤は両岸を見ておく価値がある。

左岸の階段状減勢はいちばん人気の部分だが、右岸側の「武者返し」と呼ばれている曲線美も見逃すことができない。九州は熊本城の石垣や通潤橋の石積み技術など国内でも最高の石工文化と技術を誇る土地柄で、その技術がここ、白水ダムにもふんだんに用いられている。なめらかな流線形に面調整された石材が作り出す水紋は、数ある石積み堰堤のなかでもトップクラスの美しさであることは間違いない。

●右岸側から見下ろすと左岸の円錐形階段状減勢部がよく見える。年に1度、抜水をして水が流れていない姿も現れるそうだが、大野川は水量豊富な川であり、水が流れていない姿を見るほうが稀である。（Y）

左岸の階段状になった減勢部。

右岸の湾曲面をもつ減勢部。

平山上溜池堰堤（熊本県）

「国内最南端の石積み堰堤」

●「ダム便覧」に記述がなく、その存在がほとんど知られていないが、熊本県の天草に農業用のきれいな石積み堰堤がある。情報がないため堤高が10メートル以上あるかわからないが、現地調査することにした。下調べによって、目標のダムは「平山上溜池堰堤」という名称であり、天草の苓北町にある志岐ダム（アースダム、堤高36メートル、1973年竣工）とその下流にある平山溜池堰堤（石積み堰堤、堤高7・07メートル、1934年竣工、目録・参考1）の間にあるらしいとわかった。しかし、肝心の当ダムは、貯水池も堤体も地図上には記されてない。

といっても、現地到達は容易である。主要県道から少し脇に入ると、石積み堤体の端部が見えてくる。堤体天端は軽自動車が走行できる程度の広さがあり、レトロな鉄筋コンクリートの高欄で昭和初期の雰囲気が出ている。門扉の古式ゆかしい簡素な手動開閉装置も新鮮である。上流面はコンクリートだが、新しいことから、近年の補修時に石積

上流面：補強コンクリートでおおわれているが、新しそうである。高欄は、建設当時のままのレトロなコンクリート製。

目録 66

堤高	15.0m
竣工	1947年
用途	農業用水
管理	苓北町の土地改良区

みをおおったものと推定される。
●石積みの下流面は堂々として、長年使用の傷みをほとんど感じさせない。堤趾部中央には、溜池特有の底樋（↓P265）がある。正確な堤高は不明だが、石材（間知石↓P121）の1辺が35センチメートル程度であるとして、段数から堤高15メートル程度と推定される。乱れのない整然とした布積み（↓P107）は、熊本城や通潤橋を造った肥後の石工の末裔たちの意地を感じさせる。堰堤と周辺は手入れされており、地元の愛情を感じさせるのも農業ダムらしい。

　この平山上溜池は、下流の平山溜池の水量を補うために戦争を挟んで1942（昭和17）～47（昭和22）年に建設された。農業ダムであるから地元の負担はかなりのもので、戦争中の物資不足と人手不足のなかでよくぞ建設したと感じ入る。なお、下流の平山溜池も堤高は低いが見事な石積み堰堤なので、帰りに立ち寄ることをおすすめする。

（K）

石積みの拡大：切石の間には、ていねいにモルタルが詰められている。

下流面：切石によるきれいな布積みである。堤趾に底樋が見える。

おわりに

石積み堰堤の石積みは、人力主体であった建設当時の事情から必然的に取られた工法だ。石積みが美しいのは、光の変化とともに姿を変える乱反射の美学。越流水が白波を立てて流下する様は、減勢上の実利も大きい用途上の美だ。石積み堰堤の多くは、100年もの間、現役で活躍しつつ洪水、地震、風雪に耐えて風格を増し、今や地域の誇る文化資産となっている。欧米でも日本とほぼ同時期に建設され、多くが文化資産として大事に守られている。ただし、巨大な水圧に長年耐えるために補修・補強がつきものであることは国内と海外で共通することであり、今後は、保全と改築とのバランスがいっそう大事になる。

欧米からの築堤技術を短期間でマスターして石積み堰堤を造り上げた明治・大正・昭和初期の先人たちの努力に、そして維持管理をおこなうことで大事に守ってきた関係各位の努力に、改めて敬意を表したい。読者の皆様には、石積み堰堤を訪れ、魅力に満ちたその世界を感じていただければと心から願ってやまない。最後になるが、この本を発行してくださったミネルヴァ書房の杉田啓三社長に深く感謝申し上げる。

2018年8月

川崎　秀明

ダムについて知っておきたい基礎知識

★ダムの目的　（　）内は略号。

●**洪水調節（F）**：上流からの流入水をダムの貯水池に貯留することで下流への放流量を調節し、ダム下流の河川の水害を防ぐ。

●**水道用水（W）**：上水道用水を供給する。

●**農業用水（A）**：農業用水を補給する。

●**工業用水（I）**：工場の生産活動に必要な水を供給する。

●**発電（P）**：ダムの貯留水により、落差を利用して発電をおこなう。

●**消流雪用水（S）**：冬季に道路などの雪を流したり、とかしたりするための水。

●**環境・不特定用水（N）**：河川の正常な流量を維持する。

●**レクリエーション（R）**：周辺を整備して、レクリエーションの場として利用する。

★ダムの型式　（　）内は略号。

●**重力式コンクリートダム（G）**：ダム自体の重みで貯水池の水圧に耐えるダム。

●**アーチ式コンクリートダム（A）**：水圧を両岸の岩盤で支えるように、アーチ型にダムを築いたもの。ダムの厚さが薄くてすむので、コンクリートなどの材料が少なくてすむ。「薄肉アーチ」ともいう。

●**アーチ重力式コンクリートダム（AG）**：堤体がアーチ式の重力ダム。「厚肉アーチ」ともいう。

●**中空重力式コンクリートダム（HG）**：内部が空洞になっているもので、コンクリートを使う量を減らすことはできるが、強度を保つため、複雑な構造となっている。

●**マルチプルアーチダム（MA）**：バットレスダムとの複合型式。アーチ状の遮水壁が複数連なるダム。

●**バットレスダム(B)**：コンクリートの壁(遮水壁）と、これを支えるバットレスというコンクリートの擁壁からなるダム。

●**アースダム（アースフィルダム）（E）**：粘土や土を盛り立てて造られるダム。最も古くからある型式。土堰堤ともいう。

●**ロックフィルダム（R）**：土や岩石を材料として盛り立てて造るダム。

アース（アースフィル）(E)　マルチプルアーチ（MA)　アーチ重力式（AG)

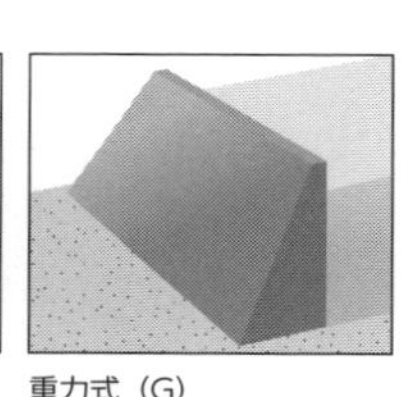

重力式（G)

ロックフィル（R)

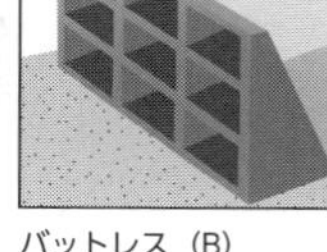

バットレス（B)

中空重力式（HG)

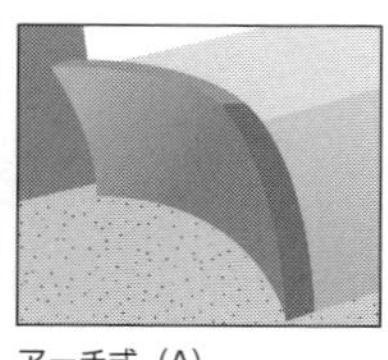

アーチ式（A)

★ダムの構造

●**堤高**：ダム堤体（本体）の高さ。基礎地盤の最低点と堤頂（天端）の間の鉛直距離で示す。ダムによっては地下に隠れている堤体部分があり、外から眺めた見かけ上の高さよりも堤高が大きいこともある。

●**堤頂長**：ダム堤体の頂上部分の長さ。

●**天端**：ダム堤体のいちばん上部のこと。

●**洪水吐き**：貯水池側の流入部、流水をダムの下に導く導流部、放流水のエネルギーを減じる減勢工に区分される。洪水調節を目的とするダムでは、常用洪水吐きと非常用洪水吐き（クレストゲートはこの一種）をもつものが多い（→P111）。

●**導流壁**：（→P263）。

●**減勢池（減勢工）**：（→P45）。

●**取水塔**：利水や発電などのためにダム貯水池から必要な流量を放流するための施設。

●**通廊（監査廊）**：（→P37）。

●**堤趾部**：重力式ダムの基本的な三角形断面の下流面先端部。

●**アパットメント**：ダムが取り付けられている部分の左右岸の岩盤。

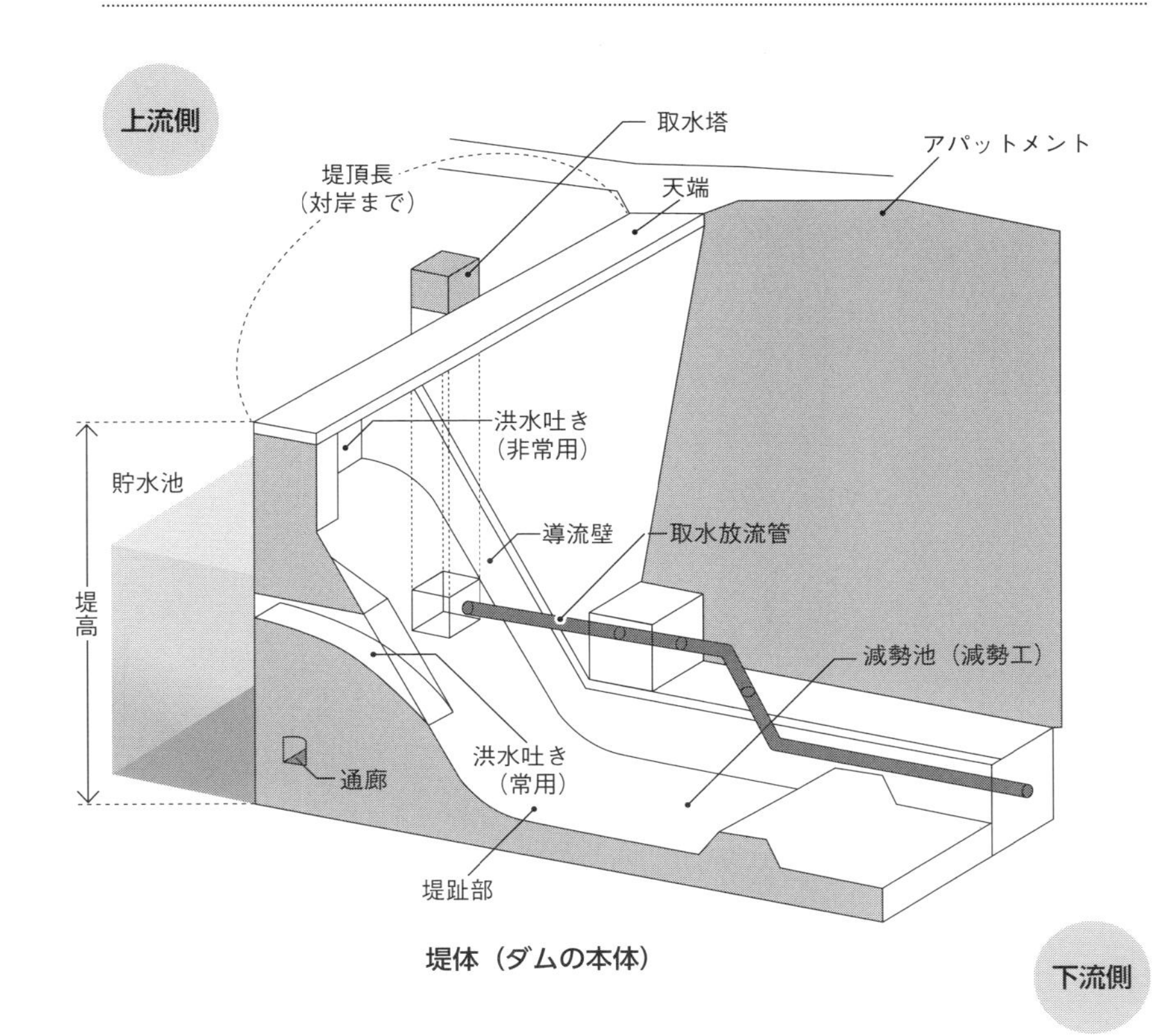

堤体（ダムの本体）

参考文献（刊行の古い順に記載）

神戸市、『神戸市水道誌』、１９１０年7月
神戸市、『神戸市水道擴張誌』、１９２２年7月
杭田嘉壽太、『尾道市水道写真帖』、１９２５年5月
中島工学博士記念事業会、『日本水道史』第三編 上水道の施設（其二）、「上水道の施設・図面集」、１９２７年
Edward Wegmann, *The design and construction of Dams*, John Wiley & Sons Inc., １９２７年
仙台市、『仙臺市水道誌』、１９３５年8月
田淵実夫、『石垣』（ものと人間の文化史15）、財団法人法政大学出版局、１９７５年
福岡市水道局、『福岡市水道五十年史』、１９７６年6月
Henry H.Thomas, "The engineering of large Dams", John Wiley & Sons Inc., １９７６年
松江市水道局、『松江市水道史』、１９８８年6月1日
建設省河川局開発課、『ダムの景観設計（重力式コンクリートダム）』、（財）国土開発技術研究センター、１９９１年1月
長崎市、『長崎水道百年史』、１９９２年3月
（社）電力土木技術協会、『水力技術百年史』、１９９２年
福岡市水道局、『曲渕ダム堤体改良工事技術記録誌』、１９９３年3月
（財）ダム技術センター、『コンクリートダムの細部技術　第2版』第1章概説、１９９３年
M.A.M. Herzog, *Practical Dam Analysis*, Thomas Telford Ltd., １９９９年8月
ICOLD (International Commission Of Large Dams), *World Register of Dams*, ２００３年
樋口輝久、馬場俊介ほか、「技術者の言説からみた近代日本におけるコンクリートダム技術の変遷」、土木史研究論文集 Vol.23、土木学会、２００４年
坂本忠彦、『多目的ダムの建設２００５年版』、第1章ダム技術の変遷、ダム技術センター、２００５年
松下眞、「佐野藤次郎と初期の神戸水道におけるイギリスの影響」、土木誌研究論文、２００５年4月
（社）日本大ダム会議 ダムの役割調査分科会、「ダムの役割」、『大ダム』No.194 p.3-88, ２００６年1月
神戸市、『布引水源地水道施設記録誌～国重要文化財指定記念～』、２００６年7月5日
竹林征三、『風土工学の視座』、技報堂出版、２００６年
David P. Billington and Donald C. Jackson, *Big Dams of the New Deal Era*, University of Oklahoma Press, ２００６年10月
（財）ダム技術センター、『改訂3版　コンクリートダムの細部技術』第1章概説、２０１０年
川崎秀明、「近代ダムの曙」、『月刊・ダム日本』、８００号記念、２０１１年6月
（社）ダム工学会 近畿・中部ワーキンググループ、『ダムの科学』、SBクリエイティブ、２０１２年11月
吉村直樹、『水の道をたどる―吉村長策略伝―』、２０１５年9月
佐世保市教育委員会、「佐世保市軍水道第二次拡張施設調査報告書」、２０１６年3月31日
（財）日本ダム協会、『ダム年鑑２０１７』、２０１７年3月

なお、執筆に際し、行政機関及び関連企業・団体の公式ホームページなどを参照したことを付け加え、感謝申し上げます。

ま行

や行

ら行

わ行

ダムの名称は、実際のところ正式名称と通称、略称が混在して使用されている。このため本書ではできるだけ一般的な名称を使うことにしたが、名称統一は最小限にとどめ、ダム名に巻末の目録番号を付すことで正確を期した。ちなみに、第１号の布引ダムの竣工時の名称は「布引水源五本松貯水池堰堤」である。

た行

な行

は行

さ行

ダムさくいん

※ローマ数字は巻頭カラー特集のページ番号、算用数字は本文及び写真掲載のページ番号。
太字になっている数字は第７章の紹介記事のそれぞれのトップページ番号です。

あ行

か行

《著者紹介》
川崎秀明（かわさき・ひであき）
1956年生まれ。九州大学大学院修了。1981年、旧建設省入省。開発課、マレイシア、沖縄、国土技術政策総合研究所などで顧問や所長をつとめ、広範なダム経験を持つ。技術の本質を重んじるダムエンジニアの伝統を引き継ぐ一人である。近年はダム工学会を通じてダムファンの拡大に活躍。現在、一般財団法人ダム技術センター部長（首席研究員）。ダムマイスター名はエンジニアスカワサキ。工学博士、元山口大学教授。

《共著者（ダムマイスター）》
夜雀（よすずめ）／奈良県在住。各地の土木建築物を見て回った記録帖「雀の社会科見学帖」（http://yosuzumex.daa.jp/index.html）の管理人。洪水調節、歴史ものなどダム愛好の諸分野を拓いた才媛。

清水篤（しみず・あつし）／岐阜県在住。各地のダムの見物記「THE SIDE WAY」（http://side-way.jugem.jp/）の管理人。石積み堰堤訪問数では国内随一。本書の目録も担当。

《写真協力（元ダムマイスター）》
安河内孝（やすこうち・たかし）／香川県在住。ダム写真家。空中などさまざまな角度から撮影し、仙遊の世界を写し出している。城郭石積みへの工学的造詣も深い。

編集：こどもくらぶ（二宮祐子）
制作：㈱エヌ・アンド・エス企画（石井友紀、高橋博美）

※この本の情報は、2018年7月までに調べたものです。今後変更になる場合がありますので、ご了承ください。

シリーズ・ニッポン再発見⑩
日本のダム美
――近代化を支えた石積み堰堤――

2018年10月20日　初版第1刷発行　〈検印省略〉
2019年 9 月30日　初版第2刷発行

定価はカバーに
表示しています

著者　川崎秀明
発行者　杉田啓三
印刷者　和田和二

発行所　株式会社　ミネルヴァ書房
607-8494　京都市山科区日ノ岡堤谷町1
電話代表　(075)581－5191
振替口座　01020－0－8076

平河工業社

ISBN978-4-632-08312-1
Printed in Japan